高等院校课程设计案例精编

3ds max
建模技法经典课堂

杨　桦　郭志强　张成霞　编著

清华大学出版社
北京

内 容 简 介

本书以 3ds max 2018 为写作基础，以"理论知识＋实操案例"为创作导向，围绕室内设计软件的应用展开讲解。书中的每个案例都给出了详细的操作步骤，同时还对操作过程中的设计技巧进行了描述。

全书共 9 章，分别对 3ds max 基础建模技术、高级建模技术、材质与贴图技术、灯光技术、摄影机技术、渲染技术等知识，以及客厅、卧室、商务办公楼场景模型的创建方法进行了详细的阐述。本书结构清晰，思路明确，内容丰富，语言简练，解说详略得当；既有鲜明的基础性，也有很强的实用性。

本书既可作为高等院校相关专业的教学用书，又可作为室内设计爱好者的学习用书。同时，也可以作为社会各类 3ds max 培训班的首选教材。

图书在版编目(CIP)数据

3ds max 建模技法经典课堂 / 杨桦，郭志强，张成霞编著. —北京：清华大学出版社，2019（2024.12重印）
（高等院校课程设计案例精编）
ISBN 978-7-302-51777-1

Ⅰ. ①3… Ⅱ. ①杨… ②郭… ③张… Ⅲ. ①三维动画软件—课程设计—高等学校—教学参考资料 Ⅳ.
①TP391.414

中国版本图书馆CIP数据核字（2018）第274397号

责任编辑：李玉茹
封面设计：杨玉兰
责任校对：吴春华
责任印制：宋　林

出版发行：清华大学出版社
　　　　　网　　　址：https://www.tup.com.cn，https://www.wqxuetang.com
　　　　　地　　　址：北京清华大学学研大厦A座　　　　邮　　编：100084
　　　　　社 总 机：010-83470000　　　　　　　　　邮　　购：010-62786544
　　　　　投稿与读者服务：010-62776969，c-service@tup.tsinghua.edu.cn
　　　　　质量反馈：010-62772015，zhiliang@tup.tsinghua.edu.cn
印 装 者：三河市人民印务有限公司
经　　销：全国新华书店
开　　本：185mm×260mm　　　　印　　张：16.25　　　　字　　数：258千字
版　　次：2019年2月第1版　　　　印　　次：2024年12月第8次印刷
定　　价：69.00元

产品编号：081703-01

FOREWORD
前 言

为什么要学设计？ ■————————————————

　　随着社会的发展，人们对美好事物的追求与渴望，已达到了一个新的高度。这一点充分体现在了审美意识上，毫不夸张地讲，我们身边的美无处不在，大到园林建筑，小到平面海报，抑或是小门店也都要装饰一番以凸显出自己的特色。这一切都是"设计"的结果，可以说生活中的很多元素都被有意或无意地设计过。俗话说：学设计饿不死，学设计高工资！那些有经验的设计师们，月薪过万元不是梦。正是因为这一点，很多人都投身于设计行业。

问：学设计可以就职哪类工作？求职难吗？

答：广为人知的设计行业包括室内设计、广告设计、UI设计、珠宝设计、服装设计、环艺设计、影视动画设计……那么，你还在问求职难吗？

问：如何选择学习软件？

答：根据设计类型和就业方向，学习相关软件。例如，平面设计类的软件大同小异，重在设计体验。室内外设计软件各有侧重，贵在实际应用。各类软件之间也要配合使用，就像设计师要用Photoshop对建筑效果图做后期处理，为了让设计作品呈现更好的效果，有时会把视频编辑软件与平面软件相互配合。

问：没有美术基础的人也可以学设计吗？

答：可以。设计类的专业有很多，并不是所有的设计专业都需要有美术的功底，如工业设计、展示设计等。俗话说"艺术归结于生活"，学设计不但可以提高自身审美能力，还能有效地指引人们制作出更精良的作品，提升自己的生活品质。

> **问：设计该从何学起？**

答：自学设计可以先从软件入手：位图、矢量图和排版。学会了软件可以胜任 90% 的设计工作，只是缺乏"经验"。设计是软件技术 + 审美 + 创意，其中软件学习比较容易掌握，而审美品位的提升则需要多欣赏优秀作品，只要不断学习，突破自我，优秀的设计技术就可以被轻松掌握！

系列图书课程安排

本系列图书既注重单个软件的实操应用，又看重多个软件的协同办公，以"理论知识 + 实际应用 + 案例展示"为创作思路，向读者全面阐述各软件在设计领域中的强大功能。在讲解过程中，结合各领域的实际应用，对相关的行业知识进行深度剖析，以辅助读者完成各种类型的设计工作。正所谓要"授人以渔"，读者不仅可以掌握这些设计软件的使用方法，还能利用它独立完成作品的创作。本系列图书包含以下作品：

➡ 《3ds Max 建模技法经典课堂》；
➡ 《3ds Max+VRay 效果图表现技法经典课堂》；
➡ 《SketchUp 草图大师建筑 · 景观 · 园林设计经典课堂》；
➡ 《室内效果图表现技法经典课堂（AutoCAD + 3ds Max + VRay）》；
➡ 《建筑室内外效果表现技法经典课堂（AutoCAD + SketchUp + VRay）》；
➡ 《Adobe Photoshop CC 图像处理经典课堂》；
➡ 《Adobe Illustrator CC 平面设计经典课堂》；
➡ 《Adobe InDesign CC 排版设计经典课堂》；
➡ 《Photoshop + Illustrator 平面设计经典课堂》；
➡ 《Photoshop + CorelDRAW 平面设计经典课堂》。

配套资源获取方式

目前市场上很多计算机图书中配带的 DVD 光盘，总是容易破损或无法正常读取。有鉴于此，本系列图书的资源可以通过发送邮件至：619831182@QQ.com 或添加微信公众号 DSSF007 并回复关键字 3656 获取，需要课件的老师可以单独留言，制作者会在第一时间将其发至您的邮箱。

适用读者群体

☑ 室内效果图制作人员；
☑ 室内装修、装饰设计人员；
☑ 装饰装潢培训班学员；
☑ 大中专院校及高等院校相关专业师生；
☑ 3ds max 爱好者。

作者团队

本书由杨桦、郭志强、张成霞编著，王莹莹、洪婵、陈立英、张秋实、侯峰、许亚平、魏砚雨、邱志茹、黄春凤、雷铭、吴蓓蕾、周嵬、郭志强、彭超、尚展垒、金松河、杨艳、张旭等均参与了具体章节的编写工作，在此对他们的付出表示真诚的感谢。

致 谢

　　为了令本系列图书尽可能满足读者的需要，许多人付出了辛勤的劳动。在此，向参与本书出版工作的"ACAA 教育集团"和"Autodesk 中国教育管理中心"的领导及老师、米粒儿设计团队成员等，致以诚挚谢意。同时感谢清华大学出版社的所有编审人员为本系列图书的出版所付出的辛勤劳动。本系列图书在编写过程中力求严谨细致，但由于时间和精力有限，书中仍难免出现疏漏和不妥之处，希望各位读者朋友们多多包涵，并批评指正，万分感谢！

　　读者朋友在阅读本系列图书时，如遇与本书有关的技术问题，则可以通过微信号 dssf2016 进行咨询，或者在获取资源的公众平台中留言，我们将在第一时间与您互动解答。

编者

本书知识结构导图

3ds max 2018工作界面
单位/文件间隔保存/快捷键设置
文件/变换/捕捉操作
对齐/镜像/成组操作
隐藏/冻结/解冻操作
3ds max 2018轻松入门

样条线的创建
长方体/圆锥体/球体的创建
圆柱体/管状体/圆环/茶壶的创建
切角长方体/切角圆柱体的创建
异面体/油罐/胶囊的创建
基础建模技术

编辑NURBS对象
布尔运算
可编辑样条线/可编辑多边形
弯曲/挤出/车削/FFD/晶格修改器
高级建模技术

材质编辑器
标准/壳/多维/子对象材质
2D贴图/3D贴图/其他贴图
材质与贴图技术

目标/自由灯光
目标/自由聚光灯
泛光/天光
灯光的强度、颜色、衰减
阴影贴图/区域阴影
灯光技术

摄影机的操作
物理/目标/自由摄影机
渲染器类型
渲染输出设置
保存图像/局部渲染
摄影机与渲染技术

绘制效果图

创建客厅主体模型
创建窗户、阳台门框造型
创建吊顶、墙面及踢脚线造型
创建沙发、沙发边几、茶几模型
合并成品模型
创建客厅场景模型

创建卧室主体模型
创建飘窗窗户模型
创建吊顶及墙面造型
创建双人床、床头柜等模型
合并成品模型
创建卧室场景模型

创建办公主楼模型
创建落地窗办公楼模型
创建门窗及栏杆模型
创建室外地面模型
创建商务写字楼模型

基础知识篇

综合案例篇

3ds max建模技法经典课堂

CONTENTS
目 录

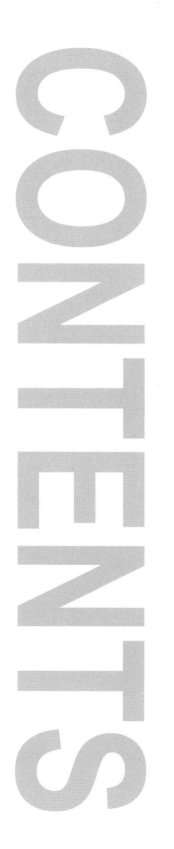

第 4 章

材质与贴图技术

第 5 章

灯光技术

第 6 章
摄影机与渲染技术

第 7 章
创建客厅场景模型

第 8 章

创建卧室场景模型

第 9 章

创建商务办公楼模型

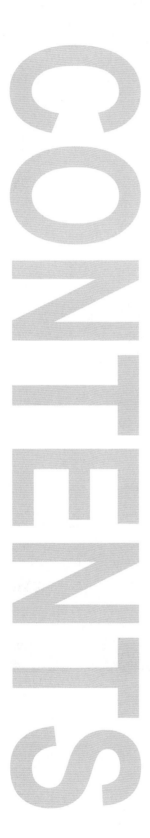

第 1 章

3ds max 2018 轻松入门

本章概述 SUMMARY

　　3ds max 是当前最受欢迎的设计软件之一，广泛应用于广告、影视、工业设计、建筑设计、三维动画、三维建模、多媒体制作、游戏、辅助教学以及工程可视化等领域。本章将对 3ds max 2018 的工作界面、功能特性等知识进行讲解。

■ 学习目标

　　通过对本章内容的学习，读者可以全面认识和掌握 3ds max 2018 的新功能及工作界面的布局。

■ 要点难点

✓ 工作界面的设置　　　　✓ 设置快捷键
✓ 单位设置　　　　　　　✓ 图形文件的操作

◎设置视口

◎选择并缩放

1.1　初始 3ds max 2018

　　3ds max 是一款优秀的设计类软件，它是利用建立在算法基础之上并高于算法的可视化程序来生成三维模型的。与其他建模软件相比，3ds max 操作更加简单，更容易掌握。因此受到了广大用户的青睐。

■ 1.1.1　3ds max 发展简史

　　3ds max 全称为 3D Studio Max，是 Discreet 公司开发的（后被 Autodesk 公司合并）基于 PC 系统的三维动画渲染和制作软件。其前身是基于 DOS 操作系统的 3D Studio 系列软件。在 Windows NT 出现以前，工业级的 CG 制作被 SGI 图形工作站所垄断。3D Studio Max+Windows NT 组合的出现，瞬间降低了 CG 制作的门槛，首选开始运用在电脑游戏中的动画制作，后更进一步开始参与影视片的特效制作，例如《X 战警 II》《最后的武士》等。建模功能强大，在角色动画方面具备很强的优势，另外丰富的插件也是其一大亮点，3ds max 可以说是最容易掌握的 3D 软件。和其他相关软件配合流畅，做出来的效果非常逼真。

　　3ds max 的更新速度超乎人们的想象，几乎是每年都准时推出一个新的版本。版本越高，其功能就越强大，其宗旨是使 3D 创作者在更短的时间内创作出更高质量的 3D 作品。

　　目前，最新版本为 3ds max 2018，如图 1-1 所示为启动界面。在后面的章节中，我们将对该版本的界面布局、基本操作等知识进行逐一介绍。

图 1-1

■ 1.1.2　3ds max 应用领域

　　3ds max 是世界上应用最广泛的三维建模、动画、渲染软件，被广泛应用于建筑效果图设计、游戏开发、角色动画、电影电视视觉效果和设计行业等领域。

（1）室内设计

利用 3ds max 软件可以制作出各式各样的 3D 室内模型，例如家具模型、场景模型等，如图 1-2 所示。

（2）游戏动画

随着设计与娱乐行业的交互内容的强烈需求，3ds max 改变了原来的静帧或者动画的方式，由此逐渐催生了虚拟现实这个行业。3ds max 能为游戏元素创建动画、动作，使这些游戏元素"活"起来，从而能够为玩家带来生气勃勃的视觉效果，如图 1-3 所示。

图 1-2   图 1-3

（3）建筑设计

3ds max 建筑设计被广泛应用于各个领域，内容和表现形式也呈现出多样化，主要表现建筑的地理位置、外观、内部装修、园林景观、配套设施和其中的人物、动物，自然现象如风雨雷电、日出日落、阴晴圆缺等，将建筑和环境动态地展现在人们面前，如图 1-4 所示。

（4）影视动画

影视动画是目前媒体中所能见到的最流行的画面形式之一。随着它的普及，3ds max 在动画电影中得到广泛应用。3ds max 数字技术不可思议地扩展了电影的表现空间和表现能力，创造出人们闻所未闻、见所未见的视听奇观及虚拟现实。《阿凡达》《诸神之战》等热门电影都引进了先进的 3D 技术，如图 1-5 所示。

图 1-4   图 1-5

■ 1.1.3　3ds max 2018 新功能

3ds max 2018 中纳入了一些全新的功能，让用户可以创建自定义工具并轻松共享其工作成果，因此更有利于跨团队协作。此外，它还可以提高新用户的工作效率，增强其自信心，可以更快速地开始项目，渲染也更顺利。下面介绍其主要功能和优势。

（1）新的用户界面

3ds max 2018 使用全新的用户界面设计，新版本的升级对所有图标都进行了修改，界面更简洁、更简单，能更快地切换工作区、随意地拖拽时间轴与菜单。

（2）运动路径

运动路径直接在视口中预览已设置动画的对象路径。在视口的运动路径上不仅可以调整关键帧的位置，还可以调整关键帧的切线手柄，使运动曲线可以调整得更加平滑。同时也可以将运动路径转换为样条线，或将样条线转换为运动路径。

（3）混合框贴图

混合框贴图简化了混合投影纹理贴图的过程，使用户可以轻松地自定义贴图和输出。利用混合框贴图工具可以直接通过映射原理，为模型创建复杂贴图，还可以调整融合值参数使多种复杂的材质颜色无缝地融合在一起。

（4）数据通道修改器

数据通道修改器是用于自动执行复杂建模操作的工具。提供了一个访问 Max 内部节点接口，把模型数据通过输入节点取出来，经过一系列的节点加工，最后由输出节点输出出来，从而产生丰富多彩的动画和材质变化，大大提高了用户的可创造性。

（5）Arnold for 3ds max

Arnold 属性修改器不仅控制每个对象渲染时的效果和选项，而且内置专业明暗器和材质。同时，Arnold 作为 3ds max 2018 的内置渲染器支持 OpenVDB 的体积效果、渲染大气效果、景深、运动模糊和摄影机快门等效果。

1.2　3ds max 2018 工作界面

3ds max 2018 完成安装后，即可双击其桌面快捷方式进行启动，其操作界面如图 1-6 所示。从图中可以看出，它包含标题栏、菜单栏、功能区、工具栏、视口、命令面板、状态栏 / 提示栏（动画面板、窗口控制板、辅助信息栏）等几个部分，下面将分别对其进行介绍。

标题栏

菜单栏

功能区

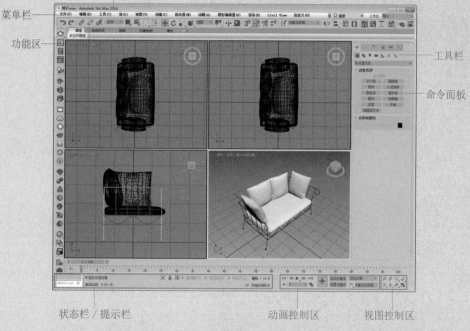

工具栏

命令面板

状态栏／提示栏   动画控制区   视图控制区

图 1-6

■ 1.2.1　标题栏

标题栏位于工作界面的最上方，只包括控制窗口按钮，控制窗口的最小化、最大化、关闭，如图 1-7 所示。

图 1-7

■ 1.2.2　菜单栏

菜单栏位于标题栏的下方，为用户提供了几乎所有 3ds max 操作命令。它的形状和 Windows 菜单相似，如图 1-8 所示。在 3ds max 2018 中，菜单上共有 17 个菜单项，下面将各选项的含义进行介绍。

图 1-8

- 文件：用于对文件的打开、保存、导入与导出以及摘要信息、文件属性等命令的应用。
- 编辑：用于对对象的复制、删除、选定、临时保存等功能。
- 工具：包括常用的各种制作工具。
- 组：用于将多个物体组为一个组，或分解一个组为多个物体。

- 视图：用于对视图进行操作，但对对象不起作用。
- 创建：创建物体、灯光、相机等。
- 修改器：编辑修改物体或动画的命令。
- 动画：用来控制动画。
- 图形编辑器：用于创建和编辑视图。
- 渲染：通过某种算法，体现场景的灯光、材质和贴图等效果。
- 自定义：方便用户按照自己的爱好设置工作界面。3ds max 2018 的工具栏和菜单栏、命令面板可以被放置在任意的位置。如果用户厌烦了以前的工作界面，可以自己定制一个工作界面保存起来，软件下次启动时就会自动加载。
- 内容：选择“3ds max 资源库”选项，打开网页链接，里面有 AUTODESK 旗下的多种设计软件。
- 帮助：关于软件的帮助文件，包括在线帮助、插件信息等。

关于上述菜单的具体使用方法，我们将在后续章节中进行逐一、详细的介绍。

知识拓展

当打开某一个菜单时，若菜单中有些命令名称旁边有“…”号，即表示单击该命令将弹出一个对话框。若菜单中的命令名称右侧有一个小三角形，即表示该命令后还有其他的命令，单击它可以弹出一个级联菜单。若菜单中命令名称的一侧显示为字母，该字母即为该命令的快捷键，有些时候需与键盘上的功能键配合使用。

1.2.3 工具栏

工具栏位于菜单栏的下方，它集合了 3ds max 中比较常见的工具，如图 1-9 所示。下面将对该工具栏中各工具的含义进行介绍，如表 1-1 所示。

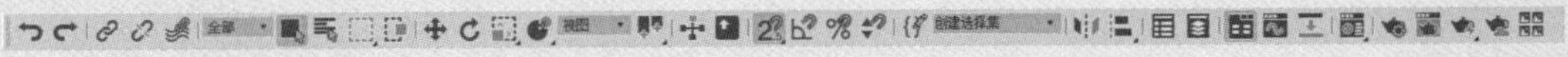

图 1-9

表 1-1 常见工具介绍

序号	图标	名 称	含 义
01		选择并链接	用于将不同的物体进行链接
02		断开当前选择链接	用于将链接的物体断开
03		绑定到空间扭曲	用于粒子系统上的，把场用空间绑定到粒子上，这样才能产生作用
04		选择对象	只能对场景中的物体进行选择使用，而无法对物体进行操作
05		按名称选择	单击后弹出操作窗口，在其中输入名称可以容易地找到相应的物体，方便操作
06		选择区域	矩形选择是一种选择类型，按住鼠标左键拖动来进行选择
07		窗口 / 交叉	设置选择物体时的选择类型方式
08		选择并移动	用户可以对选择的物体进行旋转操作
09		选择并旋转	单击旋转工具后，用户可以对选择的物体进行移动操作
10		选择并均匀缩放	用户可以对选择的物体进行等比例的缩放操作
11		选择并放置	将对象准确地定位到另一个对象的曲面上，随时可以使用，不仅限于在创建对象时

序号	图标	名　称	含　义
12		使用轴点中心	选择多个物体时可以通过此命令来设定轴中心点坐标的类型
13		选择并操纵	针对用户设置的特殊参数（如滑竿等参数）进行操作使用
14		捕捉开关	可以使用户在操作时进行捕捉创建或修改
15		角度捕捉切换	确定多数功能的增量旋转，设置的增量围绕指定轴旋转
16		百分比捕捉切换	通过指定百分比增加对象的缩放
17		微调器捕捉切换	设置 3ds max 2018 中所有微调器每次单击增加或减少的值
18		编辑命名选择集	无模式对话框。通过该对话框可以直接从视口创建命名选择集或选择要添加到选择集的对象
19		镜像	可以对选择的物体进行镜像操作，如复制、关联复制等
20		对齐	方便用户对物体进行对齐操作
21		切换层资源管理器	对场景中的物体可以使用此工具分类，即将物体放在不同的层中进行操作，以便用户管理
22		切换功能区	Graphite 建模工具
23		图解视图	设置场景中元素的显示方式等
24		材质编辑器	可以对物体进行材质的赋予和编辑
25		渲染设置	调节渲染参数
26		渲染帧窗口	单击后可以对渲染进行设置
27		渲染产品	制作完毕后可以使用该命令渲染输出，查看效果

■ 1.2.4　视口

3ds max 用户界面的最大区域被分割成四个相等的矩形区域，称之为视口（Viewports）或者视图（Views）。

（1）视口的组成

视口是主要工作区域，每个视口的左上角都有一个标签，启动 3ds max 后默认的四个视口的标签是 Top（顶视口）、Front（前视口）、Left（左视口）和 Perspective（透视视口）。

每个视口都包含垂直和水平线，这些线组成了 3ds max 的主栅格。主栅格包含黑色垂直线和黑色水平线，这两条线在三维空间的中心相交，交点的坐标是 X=0、Y=0 和 Z=0。其余栅格都为灰色显示。

顶视口、前视口和左视口显示的场景没有透视效果，这就意味着在这些视口中同一方向的栅格线总是平行的，不能相交，如图 1-10 所示。透视口类似于人的眼睛和摄像机观察时看到的效果，视口中的栅格线是可以相交的。

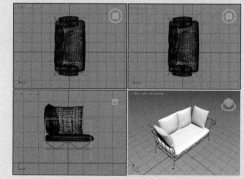

图 1-10

（2）视口的改变

默认情况下为 4 个视口。当我们按改变窗口的快捷键时，所对应的窗口就会变为所想改变的视图，下面来玩一个改变窗口的游戏。首先将鼠标激活一个视图窗口，按下 B 键，这个视图就变为底视图，就可以观察物体的底面。用鼠标对着一个视口，然后按以下快捷键：

T= 顶视图（Top ）   B= 底视图（Bottom ）
L= 左视图（Left ）   R= 右视图（Right ）
U= 用户视图（User ）   F= 前视图（Front ）
K= 后视图（Back ）   C= 摄像机视图（Camera ）
Shift 键加 S 键 = 灯光视图   W= 满屏视图

或者在每个视图的左上面那行英文上按鼠标右键，将会弹出一个命令栏，在那儿也可以更改它的视图方式和视图显示方式等。记住快捷键是提高效率的很好手段！

■ 1.2.5 命令面板

命令面板位于工作视窗的右侧，包括创建面板、修改面板、层次命令面板、运动命令面板、显示命令面板和实用程序面板，通过这些面板可访问绝大部分的建模和动画命令。

创建命令面板	修改命令面板	层次命令面板	运动命令面板	显示命令面板	实用程序命令面板

（1）创建命令面板 ＋

创建命令面板提供于创建对象，这是在 3ds max 中构建新场景的第一步。创建命令面板将所创建对象种类分为 7 个类别，包括几何形、图形、灯光、摄像机、辅助对象、空间扭曲、系统。

（2）修改命令面板

通过修改命令面板，可以在场景中放置一些基本对象，包括 3D 几何体、2D 形态、灯光、摄像机、空间扭曲及辅助对象。创建对象的同时系统会为每个对象指定一组创建参数，该参数根据对象类型定义其几何和其他特性。

（3）层次命令面板

通过层次命令面板可以访问用来调整对象间链接的工具。通过将一个对象与另一个对象相链接，可以创建父子关系，应用到父对象的变换同时将传达给子对象。通过将多个对象同时链接到父对象和子对象，可以创建复杂的层次。

（4）运动命令面板

运动命令面板提供用于设置各个对象的运动方式和轨迹，以及高级动画设置。

（5）显示命令面板

通过显示命令面板可以访问场景中控制对象显示方式的工具。可以隐藏和取消隐藏、冻结和解冻对象改变其显示特性、加速视口显示及简化建模步骤。

（6）实用程序命令面板

通过实用程序命令面板可以访问各种设定 3ds max 的小型程序，并且可以编辑各个插件，它是 3ds max 系统与用户之间对话的桥梁。

■ 1.2.6　动画控制区

动画控制栏在工作界面的底部，主要用于制作动画时，进行动画记录、动画帧选择、控制动画的播放和动画时间的控制等，如图 1-11 所示。

图 1-11

由图 1-11 可知，动画控制栏由自动关键点、设置关键点、选定对象、关键点过滤器、控制动画显示区和时间配置按钮六大部分组成，下面将各按钮的含义进行介绍。

- 自动关键点：打开该按钮后，时间帧将显示为红色，在不同的时间上移动或编辑图形即可设置动画。
- 设置关键点：控制在合适的时间创建关键帧。
- 选定对象：在下拉列表框中选择场景中设置动画的对象。
- 关键点过滤器：在 "设置关键点过滤器" 对话框中，可以对关键帧进行过滤，只有当某个复选框被选择后，有关该选项的参数才可以被定义为关键帧。
- 控制动画显示区：控制动画的显示，其中包含转到开头、关键点模式切换、上一帧、播放动画、下一帧、转到结尾、设置关键帧位置等，在该区域单击指定按钮，即可执行相应的操作。

- 时间配置：单击该按钮，即可打开时间配置对话框，在其中可以动画的时间显示类型、帧速度、播放模式、动画时间和关键点字符等。

■ 1.2.7　状态栏和提示栏

状态栏和提示栏在动画控制栏的左侧，主要提示当前选择的物体数目以及使用的命令、坐标位置和当前栅格的单位，如图 1-12 所示。

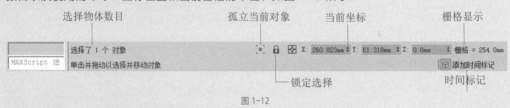

图 1-12

■ 1.2.8　视图导航栏

视图导航栏主要控制视图的大小和方位，通过导航栏内相应的按钮，即可更改视图中物体的显示状态。视图导航栏会根据当前视图的类型进行相应的更改，如图 1-13 所示。

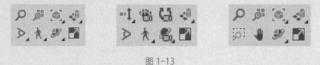

图 1-13

图 1-13 所示分别为透视视图导航栏、摄影机视图导航栏和左视图导航栏。视图导航栏由缩放、缩放所有视图、最大化显示选定对象、所有视图最大化显示选定对象、视野、平移视图、环绕子对象、最大化视图切换 8 个按钮组成。

- 缩放 🔍：单击该按钮后，在视图中单击鼠标左键，并拖动鼠标即可缩放视图，使用快捷键 Alt+Z，可以激活该按钮。

- 缩放所有视图 🔍：在视图中单击鼠标左键，并拖动鼠标即可缩放视图区中的所有视图。

- 最大化显示选定对象 🔍：将选择的对象以最大化的形式显示在当前视图中。按快捷键 Z 也可以最大化选择对象。单击"最大化显示"按钮，可将视图中的所有对象进行最大化显示，或者激活视图。按快捷键 Z 同样可以执行此操作。

- 所有视图最大化显示选定对象 🔍：将选择的对象以最大化的形式显示在所有视图中。长按该按钮，在弹出的列表中选择"所有视图最大化显示"按钮，激活该按钮，即可将所有对象最大化显示全部视图中。

- 视野 ⬧：单击该按钮后，上下拖动鼠标即可更改透视图的"视野"，在"视口配置"对话框中"视觉样式和外观"选项卡中可以设置"视野"值，原始"视野"值为45。单击"缩放区域"按钮，激活该按钮，在视图中框选局部区域，将它放大显示。
- 平移视图 ✋：单击该按钮，鼠标将更改为 ✋ 的形状，单击鼠标左键拖动 ✋ 图标，即平移视图，更改视图显示状态。
- 环绕子对象 ⬦：围绕视图中的景物进行视点旋转，使用 Ctrl+R 和 Alt+ 鼠标中键均可以激活该按钮。
- 最大化视图切换 ▣：将当前视图进行最大化切换操作。

1.2.9　视口布局选项卡

在创建模型时，若当前视图视口布局不满足用户要求，则利用"视口配置"对话框可以设置视口布局。"布局"选项卡主要用于设置工作界面的视口布局方式。在该选项卡中选择需要的布局方式，如图1-14所示。设置完成后，即可更改视口布局。

1.2.10　场景资源管理器

"场景资源管理器"对话框主要设置场景中创建物体和使用工具的显示状态，并优化屏幕显示速度，提高计算机性能。将选项卡拖动到任意位置，可以使其更改为悬浮状，如图1-15所示。在不需要使用时可以单击"关闭"按钮关闭该对话框。

绘图技巧

如果工作界面被调整得面目全非，不必担心，只需执行"自定义"|"加载自定义用户界面方案"命令，在出现的对话框中选择Default UI文件并单击"打开"按钮，即可恢复原始的工作界面。

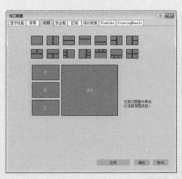

图 1-14

图 1-15

1.3　单位及其他设置

在创建模型之前，需要对 Max 进行"单位""文件间隔保存"和"快捷键"等设置。通过以上基础设置可以方便用户创建模型，提高工作效率。

■ 1.3.1 设置单位

在插入外部模型时，如果插入的模型和软件中设置的单位不同，可能会出现插入的模型显示过小的情况，所以在创建和插入模型之前都需要进行单位设置。

对于刚接触 3ds max 2018 软件的读者来说，一些概念和术语还不是很清楚，比如，在 3ds max 中关于显示单位比例与系统单位设置的概念，这两者之前有什么联系，又有什么差异，下面将对其进行简单的介绍。

"显示单位比例"选项组只影响几何体在视口中的显示方式。而"系统单位设置"按钮，决定几何体实际的比例。

例如，如果导入一个含有 1×1×1 长方体的 DXF 文件（无单位），那么 3ds max 可能以英寸或是英里的单位导入长方体的尺寸，具体情况取决于"系统单位设置"。这会对场景产生重要的影响，这也是要在导入或创建几何体之前务必要设置单位的原因。

小试身手——设置单位

下面将系统单位和显示单位比例均设置为毫米，来介绍单位设置的操作方法，具体操作介绍如下。

01 执行"自定义"|"单位设置"命令，打开"单位设置"对话框，如图 1-16 所示。

02 单击对话框上方的"系统单位设置"按钮，打开"系统单位设置"对话框，在"系统单位比例"选项组的下拉列表框中选择"毫米"选项，如图 1-17 所示。

图 1-16

图 1-17

03 单击"确定"按钮，返回"单位设置"对话框，在"显示单位比例"选项组中选中"公制"单选按钮,激活公制单位列表框,如图 1-18 所示。

04 单击下拉菜单按钮,在打开的列表中选择"毫米"选项,如图 1-19 所示。设置完成后单击"确定"按钮,即可完成单位设置的操作。

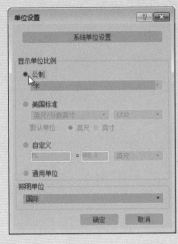

图 1-18

图 1-19

■ 1.3.2 设置文件间隔保存

在插入或创建的图形较大时,计算机的屏幕显示性能会越来越慢,为了提高计算机性能,用户可以更改备份间隔保存时间。

在"首选项设置"对话框中可以对该功能进行设置,用户可以通过以下方式打开"首选项设置"对话框。

- 执行"自定义"|"首选项"命令。
- 在工作界面的左上方单击"菜单浏览器"按钮,在打开的列表中单击右下方的"选项"按钮即可。

小试身手——设置文件间隔保存

下面将文件间隔保存设置为 30 分钟为例,来介绍文件间隔保存设置的操作方法,具体操作介绍如下。

01 执行"自定义"|"首选项"命令,如图 1-20 所示。

02 打开"首选项设置"对话框,如图 1-21 所示。

03 在对话框中打开"文件"选项卡,在"自动备份"选项组中输入"备份间隔"数值,如图 1-22 所示。

04 设置完成后单击"确定"按钮完成文件间隔设置,如图 1-23 所示。

图 1-20　　　　　　　　　　　　　　　　图 1-21

图 1-22　　　　　　　　　　　　　　　　图 1-23

■ 1.3.3　设置快捷键

利用快捷键创建模型可以大幅度提高工作效率，节省了寻找菜单命令或者工具的时间。为了避免快捷键和外部软件的冲突，用户可以自定义设置快捷键。

在"自定义用户界面"对话框中可以设置快捷键，通过以下方式可以打开"自定义用户界面"对话框。

- 执行"自定义"｜"自定义用户界面"命令。
- 在工具栏的"键盘快捷键覆盖切换"按钮 ■ 上单击鼠标右键。

小试身手——设置快捷键

下面将附加命令设置为 Alt+F8，来介绍设置快捷键的操作方法，具体操作介绍如下。

01 执行"自定义"｜"自定义用户界面"命令，打开"自定义用户界面"对话框，如图 1-24 所示。

02 打开"键盘"选项卡，单击"组"列表框，在弹出的列表框中选择"可编辑多边形"选项，如图 1-25 所示。

03 在下方的列表框中会显示该组中包含的命令选项，选择需要设置快捷键的选项，如图 1-26 所示。

图 1-24

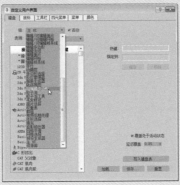
图 1-25

图 1-26

04 激活右侧的"热键"列表框，并按 Alt+F8 按键，即可设置快捷键，如图 1-27 所示。

05 单击"指定"按钮，指定附加快捷键，如图 1-28 所示。

06 单击"关闭"按钮，即可完成设置快捷键的操作，如图1-29所示。

图 1-27

图 1-28

图 1-29

1.4　图形文件的基本操作

本节将主要介绍 3d max 2018 的基本操作，如文件的打开、重置、保存等，以及对象的变换、复制、捕捉、对齐、镜像、隐藏、冻结成组等基本操作。

■ 1.4.1　文件操作

为了更好地掌握并应用 3ds max 2018，在此将首先介绍关于文件的操作方法。

（1）新建

执行"文件"｜"新建"命令，随后在其右侧区域中将出现 4 种新建方式，如图 1-30 所示，下面将对各选项的含义进行介绍。

- 新建全部：该命令可以清除当前场景的内容，保留系统设置，如视口配置、捕捉设置、材质编辑器、背景图像等。
- 保留对象：用新场景刷新 3ds max，并保留进程设置及对象。
- 保留对象和层次：用新场景刷新 3ds max，并保留进程设置、对象及层次。
- 从模板新建：用新场景刷新 3ds max，根据需要确定是否保留旧场景。

图 1-30

（2）重置

执行"文件"｜"重置"命令重置场景。使用"重置"命令可以清除所有数据并重置程序设置（如视口配置、捕捉设置、材质编辑器、背景图像等）。重置可以还原默认设置，并且可以移除当前会话期间所做的任何自定义设置。使用"重置"命令与退出并重新启动 3ds max 的效果相同。

> **知识拓展** ○
>
> 下面将对常见的文件类型进行介绍。
>
> （1）MAX 文件是完整的场景文件。
>
> （2）CHR 文件是用"保存类型"为"3ds max 角色"功能保存的角色文件。
>
> （3）DRF 文件是 VIZ Render 中的场景文件，VIZ Render 是包含在 AutoCAD 软件中的一款渲染工具。该文件类型类似于 Autodesk VIZ 先前版本中的 MAX 文件。

■ 1.4.2　变换操作

移动、旋转和缩放操作统称为变换操作，是使用最为频繁的操作。下面将对各操作进行介绍。

（1）选择并移动 ✥

要移动单个对象，选择后使按钮处于活动状态时，单击对象进行选择，当轴线变黄色时，按轴的方向拖动鼠标以移动该对象。

（2）选择并旋转 ↻

要旋转单个对象，选择后使按钮处于活动状态时，单击对象进行选择，并拖动鼠标以旋转该对象。

（3）选择并缩放 ▪

单击主工具栏上的选择并缩放按钮，选择用于更改对象大小的 3

知识拓展

在进行缩放操作时，当 X 轴以高亮黄色显示时，说明该物体沿 X 轴进行缩放。当 X 轴和 Y 轴以高亮黄色显示时，说明该物体沿 XY 轴进行缩放。当 X、Y、Z 轴均为黄色时，说明该物体进行等比例缩放。

种工具。

使用选择并缩放弹出按钮上的选择并均匀缩放按钮，可以沿所有 3 个轴以相同量缩放对象，同时保持对象的原始比例。

使用选择并缩放弹出按钮上的选择并非均匀缩放按钮，可以根据活动轴约束以非均匀方式缩放对象。

使用选择并缩放弹出按钮上的选择并挤压按钮，可以根据活动轴约束来缩放对象。挤压对象势必牵涉在一个轴上按比例缩小，同时在另两个轴上均匀地按比例增大。

执行"编辑"｜"缩放"命令，选择缩放对象，此时将在模型上显示缩放标志，如图 1-31 所示，将鼠标放置在标志中央，并上下拖动鼠标即可缩放模型对象，如图 1-32 所示。

（4）选择并放置

选择并放置弹出按钮提供了移动对象和旋转对象的两种工具，即选择并放置工具和选择并旋转工具。

要放置单个对象，无须先将其选中。当工具处于活动状态时，单击对象进行选择并拖动鼠标即可移动该对象。随着鼠标拖动对象，方向将基于基本曲面的发现和"对象上方向轴"的设置进行更改。启用选择并旋转工具后，拖动对象会使其围绕通过"对象上方向轴"设置指定的局部轴进行旋转。右键单击该工具按钮，即可打开"放置设置"对话框，如图 1-33 所示。

图 1-31

图 1-32

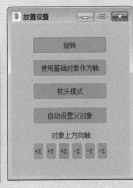

图 1-33

■ 1.4.3 捕捉操作

捕捉操作能够捕捉处于活动状态位置的 3D 空间的控制范围，而且有很多捕捉类型可用，可以用于激活不同的捕捉类型。与捕捉操作相关的工具按钮包括捕捉开关、角度捕捉、百分比捕捉、微调器捕捉切换。现分别介绍如下。

（1）捕捉开关 2² 2° 3°

这 3 个按钮代表了 3 种捕捉模式，提供捕捉处于活动状态位置的 3D 空间的控制范围。捕捉对话框中有很多捕捉类型可用，可以用于激活不同的捕捉类型。

（2）角度捕捉 ⌐°

用于切换确定多数功能的增量旋转，包括标准旋转变换。随着旋转对象或对象组，对象以设置的增量围绕指定轴旋转。

（3）百分比捕捉 %

切换通过指定的百分比增加对象的缩放。当按下捕捉按钮后，可以捕捉栅格、切换、中点、轴点、面中心和其他选项。

使用鼠标右键单击主工具栏的空区域，在弹出的快捷菜单中选择"捕捉"命令可以开启捕捉工具栏，如图 1-34 所示。可以使用"捕捉"选项卡上的这些复选框启用捕捉设置的任何组合。

激活"捕捉"按钮，选择模型，此时鼠标进入捕捉状态，指定模型某一点为捕捉点，并拖动到另一个模型的一点，系统将自动捕捉点，如图 1-35、图 1-36 所示。

图 1-34

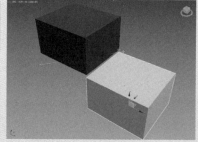
图 1-35

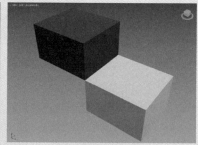
图 1-36

1.4.4 对齐操作

对齐操作可以将当前选择与目标选择进行对齐，这个功能在建模时使用频繁，希望读者能够熟练掌握。

主工具栏中的"对齐"弹出按钮提供了对用于对齐对象的 6 种不同工具的访问。按从上到下的顺序，这些工具依次为对齐 ▤、快速对齐 ▤、法线对齐 ▤、放置高光 ◑、对齐摄影机 ▣、对齐到视图 ▯。

首先在视口中选择源对象，接着在工具栏上单击"对齐"按钮，将光标定位到目标对象上并单击，在开启的对话框中设置对齐参数并完成对齐操作，如图 1-37 所示。

选择模型，单击"对齐"按钮，拾取对齐目标对象，如图 1-38 所示，在打开的"对齐当前选择"对话框中设置对齐参数，这里为中心对齐，效果如图 1-39 所示。

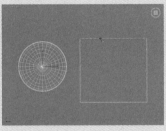
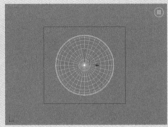

图 1-37　　　　　　　　图 1-38　　　　　　　　图 1-39

■ 1.4.5　镜像操作

在视口中选择任一对象，在主工具栏上单击"镜像"按钮将打开镜像对话框。在开启的对话框中设置镜像参数，然后单击"确定"按钮完成镜像操作。开启的"镜像：世界 坐标"对话框如图 1-40 所示。

"镜像轴"选项组表示镜像轴选择为 X、Y、Z、XY、YZ 和 ZX。选择其一可指定镜像的方向。这些选项等同于"轴约束"工具栏上的选项按钮。其中偏移选项用于指定镜像对象轴点距原始对象轴点之间的距离。

"克隆当前选择"选项组用于确定由"镜像"功能创建的副本的类型。默认设置为"不克隆"。

- 不克隆：在不制作副本的情况下，镜像选定对象。
- 复制：将选定对象的副本镜像到指定位置。
- 实例：将选定对象的实例镜像到指定位置。
- 参考：将选定对象的参考镜像到指定位置。
- 镜像 IK 限制：当围绕一个轴镜像几何体时，会导致镜像 IK 约束（与几何体一起镜像）。如果不希望 IK 约束受"镜像"命令的影响，可禁用此选项。

选择模型，如图 1-41 所示。单击"镜像"按钮，打开镜像对话框，设置镜像轴，复制当前对象，并设置偏移距离，设置完成后，单击"确定"按钮，即可完成模型的镜像操作，如图 1-42 所示。

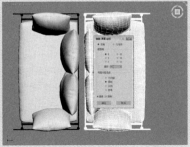

图 1-40　　　　　　　　图 1-41　　　　　　　　图 1-42

■ 1.4.6 隐藏 / 冻结 / 解冻操作

　　在视图中选择所要操作的对象，单击鼠标右键，在打开的快捷菜单中将显示隐藏选定对象、全部取消隐藏、冻结当前选项等。下面将对常用选项进行介绍。

1. 隐藏与取消隐藏

　　在建模过程中为了便于操作，常常将部分物体暂时隐藏，以提高界面的操作速度在需要的时候再将其显示。

　　在视口中选择需要隐藏的对象并单击鼠标右键，如图 1-43 所示，在弹出的快捷菜单中选择"隐藏选定对象"或"隐藏未选定对象"命令，将实现隐藏操作。当不需要隐藏对象时，同样在视口中单击鼠标右键，在弹出的快捷菜单中选择"全部取消隐藏"或"按名称取消隐藏"命令，场景的对象将不再被隐藏。

2. 冻结与解冻

　　在建模过程中为了便于操作，避免场景中对象的误操作，常常将部分物体暂时冻结，在需要的时候再将其解冻。

　　在视口中选择需要冻结的对象并单击鼠标右键，在弹出的快捷菜单中选择"冻结当前选择"命令，将实现冻结操作，如图 1-44 所示为冻结效果。当不需要冻结对象时，同样在视口中单击鼠标右键，在弹出的快捷菜单中选择"全部解冻"命令，场景的对象将不再被冻结，如图 1-45 所示为解冻效果。

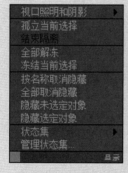
图 1-43

图 1-44

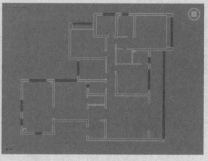
图 1-45

■ 1.4.7 成组操作

　　控制成组操作的命令集中在"组"菜单栏中，它包含用于将场景中的对象成组和解组的所有功能，如图 1-46 所示。

图 1-46

- 执行"组"|"组"命令，可将对象或组的选择集组成为一个组。
- 执行"组"|"解组"命令，可将当前组分离为其组件对象或组。
- 执行"组"|"打开"命令，可暂时对组进行解组，并访问组内的对象。
- 执行"组"|"关闭"命令，可重新组合打开的组。
- 执行"组"|"附加"命令，选定对象成为现有组的一部分。
- 执行"组"|"分离"命令，从对象的组中分离选定对象。
- 执行"组"|"炸开"命令，解组组中的所有对象。它与"解组"命令不同，后者只解组一个层级。
- 执行"组"|"集合"命令，在其级联菜单中提供了用于管理集合的命令。

选择模型，可以看到该模型被分成了不同的部分，如图 1-47 所示。选择全部模型，执行"组"|"组"命令，在打开的"组"对话框中输入组名，单击"确定"按钮，即可创建为组，如图 1-48 所示。

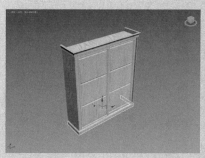

图 1-47

图 1-48

1.5 课堂练习——自定义用户界面

打开 3ds max 2018 软件，用户可以根据工作的需要，对软件进行相关的设置，比如设置视口背景色，设置视口边框颜色等，来提高自己的工作效率，下面将对相关的操作方法进行介绍，具体步骤如下。

01 执行"自定义"|"自定义用户界面"命令，打开"自定义用户界面"对话框，如图 1-49 所示。

02 切换到"颜色"选项卡，开启如图 1-50 所示。

图 1-49

图 1-50

03 单击下方的"加载"按钮，打开"加载颜色文件"对话框，找到 3ds max 2018 安装文件下的 UI 文件夹，从中选择 ame-light.clrx 文件，路径为 ..\Program Files\Autodesk\3ds max 2018\de-DE\UI，如图 1-51 所示。

04 单击"打开"按钮，即可发现工作界面的颜色都发生了变化，如图 1-52 所示。

图 1-51

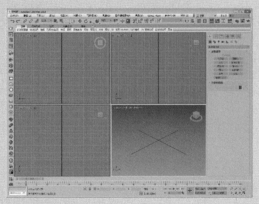
图 1-52

05 执行"自定义"|"自定义用户界面"命令，打开"自定义用户界面"对话框，切换到"颜色"选项卡，如图1-53所示。

06 在"视口"元素选项组中选择"视口边框"选项，并设置其颜色为红色，如图1-54所示。

 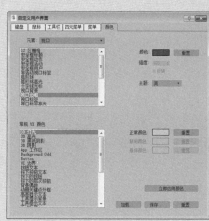

图 1-53   图 1-54

07 依次单击"立即应用颜色"按钮，关闭对话框，可以看到视口边框的颜色已发生改变，如图1-55所示。

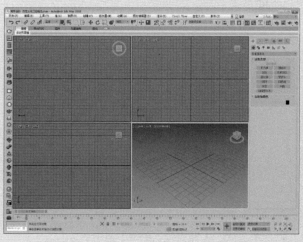

图 1-55

强化训练

通过本章的学习，读者对工作界面、单位及其他设置、图形文件的基本操作等知识有了一定的认识。为了使读者更好地掌握本章所学的知识，在此列举两个针对本章知识的习题，以供读者练手。

1. 更改视图视口布局

利用"视口配置"命令，创建新视口，如图 1-56、图 1-57 所示。

图 1-56   图 1-57

操作提示：

01 打开素材文件，此时视口布局为默认布局，如图 1-56 所示。

02 执行"视图"|"视口配置"命令，在"布局"选项卡中设置视口布局，设置完成后单击"确定"按钮，完成视口布局的创建，效果如图 1-57 所示。

2. 隐藏格栅

下面利用视图控件隐藏顶视图栅格，如图 1-58、图 1-59 所示。

图 1-58   图 1-59

操作提示：

01 打开素材文件，切换至顶视图，如图 1-58 所示。

02 在左上角单击视图控件按钮，弹出快捷菜单列表选择"显示栅格"选项。

03 设置完成后即可隐藏视图中的栅格，如图 1-59 所示。

第 2 章

基础建模技术

本章概述 SUMMARY

　　三维建模是三维设计的第一步，是三维世界的核心和基础。没有一个好的模型，一切好的效果都难以呈现。3ds max 具有多种建模手段，这里主要讲述的是其内置的几何体建模，即标准基本体、扩展基本体的创建。

■ 学习目标

　　通过对本章内容的学习，读者可以了解基本的建模方法与技巧。为后面章节的知识学习做好进一步的铺垫。

■ 要点难点

　✓　线的创建　　　　　　　　　✓　长方体的创建
　✓　切角长方体的创建　　　　　✓　切角圆柱体的创建

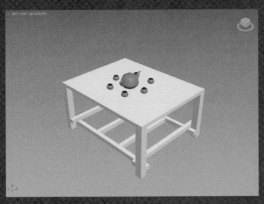

◎茶几与茶具模型

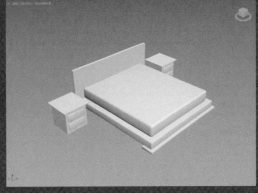

◎双人床模型

2.1 样条线

样条线包括线、矩形、圆、椭圆和圆环、多边形和星形等样条线。利用样条线可以创建三维建模实体，所以掌握样条线的创建是非常必要的。

■ 2.1.1 线的创建

线在样条线中比较特殊，没有可编辑的参数，只能利用顶点、线段和样条线子层级进行编辑。

在"图形"命令面板中单击"线"按钮，如图 2-1 所示。在视图区中依次单击鼠标左键即可创建线，如图 2-2 所示。

图 2-1

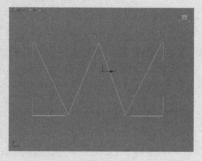

图 2-2

在"几何体"卷展栏中，由"角点"所定义的点形成的线是严格的折线，由"平滑"所定义的节点形成的线可以是圆滑相接的曲线。单击鼠标左键时若立即松开便形成折角，若继续拖动一段距离后再松开便形成圆滑的弯角。由 Bezier（贝赛尔）所定义的节点形成的线是依照 Bezier 算法得出的曲线，通过移动一点的切线控制柄来调节经过该点的曲线形状，如图 2-3 所示。下面将介绍"几何体"卷展栏中常用选项的含义。

- 创建线：是在此样条线的基础上在加线。
- 断开：将一个顶点断开成两个。
- 附加：将两条线转换为一条线。
- 优化：可以在线条上任意加点。
- 焊接：将断开的点焊接起来，"连接"和"焊接"的作用是一样的，只不过是"连接"必须是重合的两点。
- 插入：不但可以插入点还可以插入线。
- 熔合：表示将两个点重合，但还是两个点。
- 圆角：给直角一个圆滑度。
- 切角：将直角切成一条直线。
- 隐藏：把选中的点隐藏起来，但还是存在的。而"取消隐藏"

是把隐藏的点都显示出来。

- 删除：表示删除不需要的点。

图 2-3

■ 2.1.2 其他样条线的创建

掌握线的创建操作后，相对其他样条线的创建就简单了很多，下面将对其进行介绍。

（1）矩形

常用于创建简单家具的拉伸原形。关键参数有"可渲染""步数""长度""宽度"和"角半径"，其中常用选项的含义介绍如下。

- 长度：设置矩形的长度。
- 宽度：设置矩形的宽度。
- 角半径：设置角半径的大小。

下面将具体介绍创建矩形的操作方法，具体介绍如下。

单击"矩形"按钮，在顶视图拖动鼠标即可创建矩形样条线，如图 2-4 所示。进入修改命令面板，在"参数"卷展栏中可以设置样条线的参数，如图 2-5 所示。

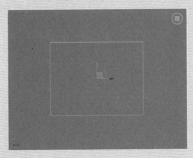

图 2-4

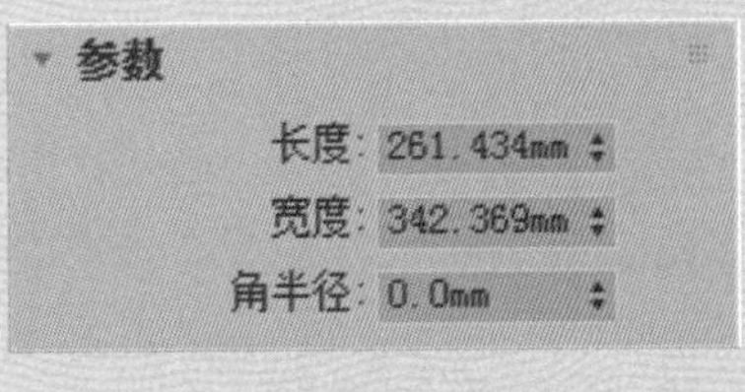

参数		
长度:	261.434mm	‡
宽度:	342.369mm	‡
角半径:	0.0mm	‡

图 2-5

（2）圆

在"图形"命令面板中单击"圆"按钮。在任意视图单击并拖动鼠标即可创建圆，如图 2-6 所示，选择样条线，在命令面板的下方可以设置圆的半径大小，如图 2-7 所示。

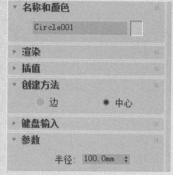

图 2-6　　　　　　　　　　　　　图 2-7

（3）椭圆 / 圆环

创建椭圆样条线和圆形样条线的方法一致，通过"参数"卷展栏可以设置长度和宽度，而圆环和圆不同，需要设置内框和外框线。下面将具体介绍创建圆环的操作方法。

在"图形"命令面板中单击"圆环"按钮，在"顶"视图拖动鼠标创建圆环外框线，释放鼠标左键并拖动鼠标，即可创建圆环内框线，如图 2-8 所示。单击鼠标左键完成创建圆环的操作，在"参数"卷展栏可以设置半径 1 和半径 2 的大小，如图 2-9 所示。

> **知识拓展**
>
> 使用 3ds max 创建对象时，在不同的视口创建的物体的轴是不一样的，这样在对物体进行操作时会产生细小的差别。

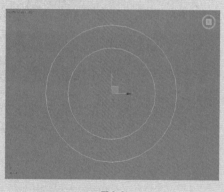

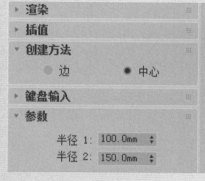

图 2-8　　　　　　　　　　　　　图 2-9

（4）多边形 / 星形

多边形和星形属于多线段的样条线图形，通过边数和点数可以设置样条线的形状。下面将具体介绍创建多边形和星形的操作方法。

01 在"图形"命令面板中单击"多边形"按钮，此时，命令面板下方会出现一系列卷展栏，如图 2-10 所示。

02 在"边数"微调框中可以设置边数，如图 2-11 所示。

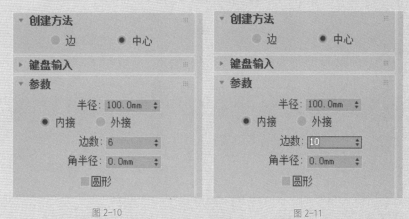

图 2-10   图 2-11

03 单击并拖动鼠标即可创建多边形，如图 2-12 所示的样条线边数为 6，如图 2-13 所示的样条线边数为 10。

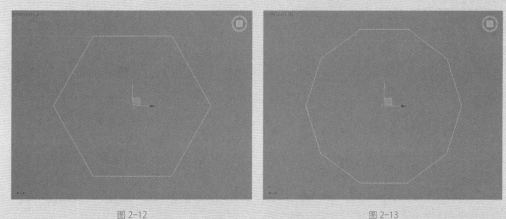

图 2-12   图 2-13

在"参数"卷展栏中有许多设置多边形的选项，下面具体介绍各选项的含义。

- 半径：设置多边形半径的大小。
- 内接和外接：内接是指多边形的中心点到角点之间的距离为内切圆的半径，外接是指多边形的中心点到角点之间的距离为外切圆的半径。
- 边数：设置多边形边数。数值范围为 3 ~ 100，默认边数为 6。
- 角半径：设置圆角半径大小。
- 圆形：勾选该复选按钮，多边形即可变成圆形。

04 在"图形"命令面板中单击"星形"按钮，在视口中单击并拖动鼠标指定星形的半径 1，释放鼠标左键，指定星形的半径 2，如图 2-14 所示。

05 在参数卷展栏中设置扭曲数值，如图 2-15 所示。

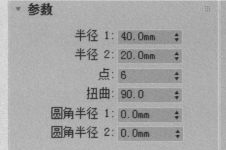

图 2-14 图 2-15

06 设置完成后，星形将被扭曲 90 度，如图 2-16 所示。

07 在"参数"卷展栏中设置"圆角半径 1"为 10，效果如图 2-17 所示。

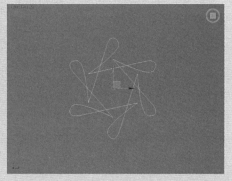

图 2-16 图 2-17

由图 2-14 至图 2-17 可知，设置星形的选项由半径 1、半径 2、点、扭曲等组成。下面具体介绍各选项的含义。

- 半径 1 和半径 2：设置星形的内、外半径。
- 点：设置星形的顶点数目，默认情况下，创建星形的点数目为 6。数值范围为 3 ~ 100。
- 扭曲：设置星形的扭曲程度。
- 圆角半径 1 和圆角半径 2：设置星形内、外圆环上的圆角半径大小。

（5）文本

在设计过程中，许多方面都需要创建文本，比如店面名称、商品的品牌等。下面将具体介绍创建文本的操作方法。

01 在"图形"命令面板中单击"文本"按钮，此时将会在"参数"卷展栏显示创建文本的参数选项，如图 2-18 所示。

02 在"文本"选项框内输入需要创建的文本内容，如图 2-19 所示。

> **知识拓展**
>
> 在创建星形半径 2 时，向内拖动，可将第一个半径作为星形的顶点，或者向外拖动，将第二个半径作为星形的顶点。

图 2-18　　　　　　　　　　　图 2-19

03 在绘图区合适位置单击鼠标左键即可创建文本，若创建的图形太小不容易显示，按快捷键 Z 即可最大化显示文本对象，如图 2-20 所示。

04 单击上方的"居中"按钮，将文字对齐方式改为"居中"，如图 2-21 所示。

图 2-20　　　　　　　　　　　图 2-21

05 设置完成后文字即可居中对齐，如图 2-22 所示。

06 设置字间距为 20，行间距为 20，设置后效果如图 2-23 所示。

图 2-22　　　　　　　　　　　图 2-23

（6）弧

利用"弧"样条线可以创建圆弧和扇形，创建的弧形状可以通过修改器生成带有平滑圆角的图形。

在"图形"命令面板上单击"弧"按钮，如图 2-24 所示，在绘图区单击并拖动鼠标创建线段，释放左键后上下拖动鼠标或者左右拖动鼠标即可显示弧线，再次单击鼠标左键确认，完成弧的创建，如图 2-25 所示。

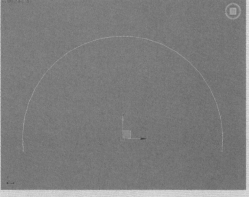

图 2-24   图 2-25

命令面板的下方的"创建方法"卷展栏中，可以设置样条线的创建方式，在"参数"卷展栏中可以设置弧样条线的各参数，如图 2-26 所示。

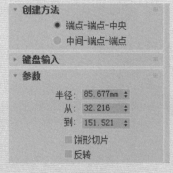

图 2-26

下面具体介绍各选项的含义。

- 端点－端点－中央：设置"弧"样条线以端点－端点－中央的方式进行创建。
- 中间－端点－端点：设置"弧"样条线以中间－端点－端点的方式进行创建。
- 半径：设置弧形的半径。
- 从：设置弧形样条线的起始角度。
- 到：设置弧形样条线的终止角度。
- 饼形切片：勾选该复选框，创建的弧形样条线会更改成封闭的扇形。
- 反转：勾选该复选框，即可反转弧形，生成弧形所属圆周另一半的弧形。

（7）螺旋线

利用螺旋线图形工具可以创建弹簧及旋转楼梯扶手等不规则的圆弧形状。下面将具体介绍创建螺旋线的操作方法。

01 单击"螺旋线"按钮，在透视图单击鼠标左键并拖动指定半径大小，如图 2-27 所示。

02 释放鼠标左键指定螺旋线高度，再上下拖动鼠标指定另一个半径大小，设置完成后即可创建螺旋线，如图 2-28 所示。

图 2-27 图 2-28

03 在"参数"卷展栏中的"圈数"微调框输入数值，如图 2-29 所示。

04 设置完成后，效果如图 2-30 所示。

 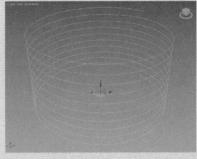

图 2-29 图 2-30

05 在"偏移"微调框内输入偏移距离，如图 2-31 所示。

06 设置完成后，效果如图 2-32 所示。

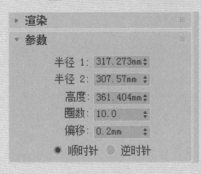 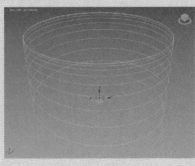

图 2-31 图 2-32

螺旋线可以通过半径1、半径2、高度、圈数、偏移、顺时针和逆时针等选项进行设置。下面具体介绍各选项的含义。

- 半径1和半径2：设置螺旋线的半径。

- 高度：设置螺旋线在起始圆环和结束圆之间的高度。
- 圈数：设置螺旋线的圈数。
- 偏移：设置螺旋线偏移距离。
- 顺时针和逆时针：设置螺旋线的旋转方向。

小试身手——创建护栏模型

下面将结合以上所学的知识创建护栏模型，具体操作介绍如下。

01 单击"线"按钮，在顶视图创建样条线，如图 2-33 所示。

02 继续执行当前操作，绘制样条线，如图 2-34 所示。

图 2-33

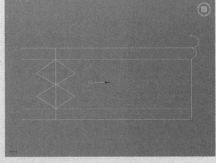

图 2-34

03 任意选择一条样条线，单击鼠标右键，将其转换为可编辑样条线，在修改器面板中设置相关参数，如图 2-35 所示。

04 设置参数后的效果如图 2-36 所示。

图 2-35

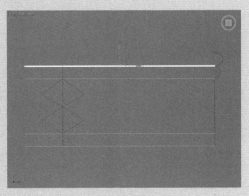

图 2-36

05 按照相同的方法，设置其他样条线，效果如图 2-37 所示。

06 在"修改"命令面板中单击修改器列表的下拉菜单按钮，在弹出的列表中选择"车削"选项，设置完成后，效果如图 2-38 所示。

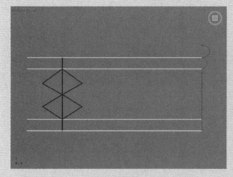

图 2-37

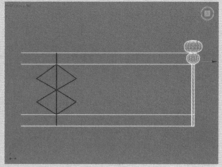

图 2-38

07 复制创建的图形，如图 2-39 所示。

08 将视口切换为透视图，完成护栏模型的绘制，如图 2-40 所示。

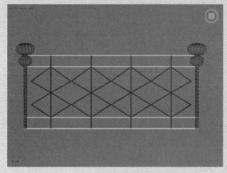

图 2-39

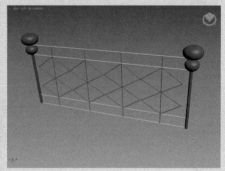

图 2-40

2.2 创建标准基本体

复杂的模型都是由许多标准体组合而成，所以学习如何创建标准基本体是非常关键的。标准基本体是最简单的三维物体，在视图中拖动鼠标即可创建标准基本体。

用户可以通过以下方式调用创建标准基本体命令。

- 执行"创建"｜"标准"｜"基本体"的子命令。
- 在命令面板中单击"创建"按钮 ➕，然后在其下方单击"几何体"按钮 ●，打开"几何体"命令面板，并在该命令面板中的"对象类型"卷展栏中单击相应的标准基本体按钮。

■ 2.2.1 长方体

长方体是基础建模应用最广泛的标准基本体之一，在各式各样的模型中都存在着长方体，通过两种方法可以创建长方体。

（1）立方体

创建立方体的方法非常简单，执行"创建"|"标准"|"基本体"|"长方体"命令，在"创建方法"卷展栏中选中"立方体"单选按钮，然后在任意视图单击并拖动鼠标定义立方体大小，释放鼠标左键即可创建立方体。

在命令面板的下方可以更改立方体的数值和其他选项，下面具体介绍创建立方体各选项的含义。

- 立方体：选中该单选按钮，可以创建立方体。
- 长方体：选中该单选按钮，可以创建长方体。
- 长度、宽度、高度：设置立方体的长度数值，拖动鼠标创建立方体时，列表框中的数值会随之改变。
- 长度分段、宽度分段、高度分段：设置各轴上的分段数量。
- 生成贴图坐标：为创建的长方体生成贴图材质坐标，默认为启用。
- 真实世界贴图大小：贴图大小由绝对尺寸决定，与对象相对尺寸无关。

> **知识拓展**
>
> 如果要对基本体模型进行变形处理，就需要根据变形的复杂程度以及变形的方向，适当增加相应方向上的分段数。例如，对于一个宽度分段数为2的长方体，若是在宽度方向上进行弯曲变形，则弯曲变形后棱角分明。随着分段数的不断增加，弯曲效果越来越光滑。

（2）长方体

下面将具体介绍创建长方体的操作方法。

01 单击"长方体"按钮，在透视图中创建长方体，如图 2-41 所示。

02 单击"名称"列表框右侧的颜色方框，打开"对象颜色"对话框，选择合适的色卡并单击"确定"按钮，即可设置长方体的颜色，如图 2-42 所示。

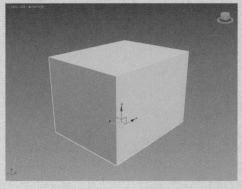
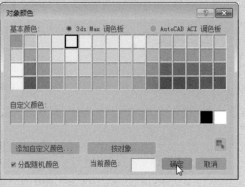

图 2-41　　　　　　　　　　　　　图 2-42

03 在"参数"卷展栏中设置长方体的尺寸参数，如图 2-43 所示。

04 修改后的效果如图 2-44 所示。

知识拓展

在创建长方体时，按住Ctrl键并拖动鼠标，可以将创建的长方体的地面宽度和长度保持一致，再调整高度即可创建具有正方形底面的长方体。

图 2-43

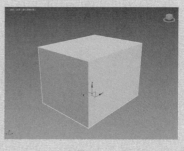

图 2-44

2.2.2 圆锥体

圆锥体的创建大多用于创建天台，利用"参数"卷展栏中的选项，可以将圆锥体定义成许多形状，在"几何体"命令面板中单击"圆锥体"按钮，命令面板的下方将弹出圆锥体的"参数"卷展栏，如图2-45所示。

图 2-45

下面具体介绍"参数"卷展栏中各选项的含义。

- 半径1：设置圆锥体的底面半径大小。
- 半径2：设置圆锥体的顶面半径，当值为0时，圆锥体将更改为尖顶圆锥体，当大于0时，将更改为平顶圆锥体。
- 高度：设置圆锥体主轴的分段数。
- 高度分段：设置圆锥体的高度分段。
- 端面分段：设置围绕圆锥体顶面和地面的中心同心分段数。
- 边数：设置圆锥体的边数。
- 平滑：勾选该复选框，圆锥体将进行平滑处理，在渲染中形成平滑的外观。
- 启用切片：勾选其复选框，将激活"切片起始位置"和"切片结束位置"列表框，在其中可以设置切片的角度。

下面将具体介绍创建圆锥体的操作方法。

01 单击"圆锥体"按钮，在任意视图单击并拖动鼠标，释放鼠标左键即可设置圆锥体底面半径大小，如图 2-46 所示。

02 向上拖动鼠标形成一个圆柱，单击鼠标左键设置圆锥体高度，如图 2-47 所示。

图 2-46 图 2-47

03 上下拖动鼠标，设置圆锥体顶面半径，设置完成后单击鼠标左键，完成创建圆锥体的操作，如图 2-48 所示。

04 在"参数"卷展栏的"半径 2"微调框中输入数值 10，如图 2-49 所示。

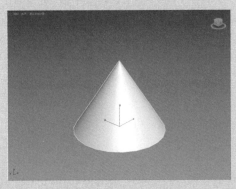 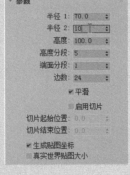

图 2-48 图 2-49

绘图技巧

仔细观察每个物体的基础属性，熟悉每个物体基本属性更改以后所产生的变化，这样有助于之后的建模操作，可以加快建模速度，提高工作效率。

05 创建好的平顶圆锥体如图 2-50 所示。

图 2-50

2.2.3 球体

无论是建筑建模，还是工业建模时，球形结构也是必不可少的一种结构。在单击"球体"按钮时，在命令面板下方将打开球体"参数"卷展栏，如图 2-51 所示。

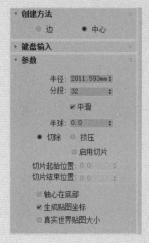

图 2-51

下面具体介绍"参数"卷展栏中各选项的含义。

- 边：通过边创建球体，移动鼠标将改变球体的位置。
- 中心：定义中心位置，通过定义的中心位置创建球体。
- 半径：设置球体半径的大小。
- 分段：设置球体的分段数目，设置分段会形成网格线，分段数值越大，网格密度越大。
- 平滑：将创建的球体表面进行平滑处理。
- 半球：创建部分球体，定义半球数值，可以定义减去创建球体的百分比数值。有效数值为 0.0 ~ 1.0。
- 切除：通过在半球断开时将球体中的顶点和面去除来减少它们的数量，默认为启用。
- 挤压：保持球体的顶点数和面数不变，将几何体向球体的顶部挤压为半球体的体积。
- 启用切片：勾选其复选框，可以启用切片功能，从某角度和另一角度创建球体。
- 切片起始位置和切片结束位置：勾选"启用切片"复选框时，即可激活"切片起始位置"和"切片结束位置"微调框，并可以设置切片的起始角度和停止角度。
- 轴心在底部：将轴心设置为球体的底部，默认为禁用状态。

下面将具体介绍创建球体的操作方法。

01 单击"球体"按钮，在任意视图单击并拖动鼠标定义球体半径大小，释放鼠标左键即可完成球体的创建，如图 2-52 所示。

02 在"参数"卷展栏中设置分段为 80，如图 2-53 所示。

03 按 Enter 键确定，增加分段数后的效果，如图 2-54 所示。

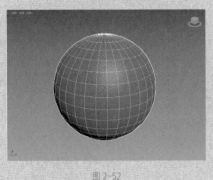

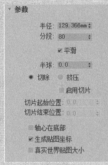

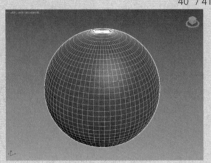

图 2-52　　　　　　　　　　图 2-53　　　　　　　　　　图 2-54

04 在球体"参数"卷展栏中选中"切除"单选按钮，并在微调框输入半球值，如图 2-55 所示。

05 设置完成后按 Enter 键即可完成操作，如图 2-56 所示。

06 勾选"启用切片"复选框，并设置切片角度，如图 2-57 所示。

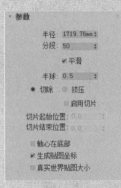

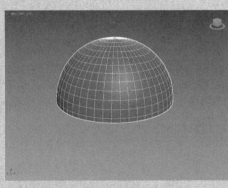

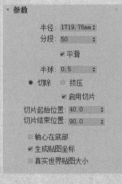

图 2-55　　　　　　　　　　图 2-56　　　　　　　　　　图 2-57

07 设置完成后，效果如图 2-58 所示。

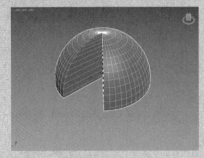

图 2-58

■ 2.2.4　几何球体

几何球体和球体的创建方法一致，在命令面板单击"几何球体"按钮后，在任意视图拖动鼠标即可创建几何球体。单击"几何球体"

按钮后，将弹出"参数"卷展栏，如图 2-59 所示。

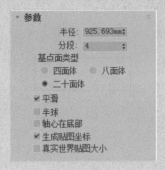

图 2-59

下面具体介绍"参数"卷展栏中创建几何球体各选项的含义。

- 半径：设置几何球体的半径大小。
- 分段：设置几何球体的分段。设置分段数值后，将创建网格，数值越大，网格密度越大，几何球体越光滑。
- 基点面类型：基点面类型分为四面体、八面体、二十面体 3 种选项，这些选项分别代表相应的几何球体的面值。
- 平滑：勾选该复选框，渲染时平滑显示几何球体。
- 半球：勾选该复选框，将几何球体设置为半球状。
- 轴心在底部：勾选其复选框，几何球体的中心将设置为底部。

下面将具体介绍创建几何球体的操作方法。

01 单击"几何球体"按钮，在任意视图单击并拖动鼠标设置几何球体半径大小，释放鼠标左键即可创建几何球体，如图 2-60 所示。

02 在"参数"卷展栏的"分段"微调框中输入数值，设置分段大小，如图 2-61 所示。

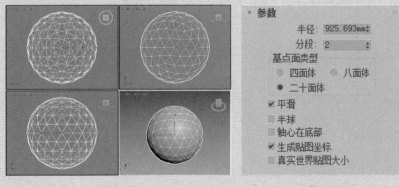

图 2-60 　　　　　　　　　　　　　　图 2-61

03 按 Enter 键确认分段数值，效果如图 2-62 所示。

04 在"参数"卷展栏中，选中"八面体"单选按钮，如图 2-63 所示。

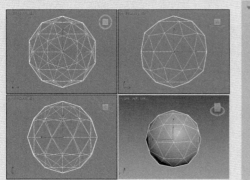

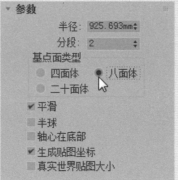

图 2-62   图 2-63

05 几何球体将更改为八面体，如图 2-64 所示。

06 在"参数"卷展栏中，选中"四面体"单选按钮，如图 2-65
所示。

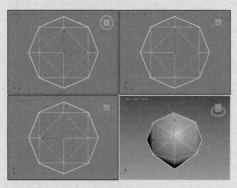

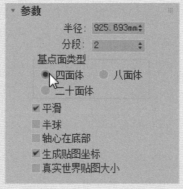

图 2-64   图 2-65

07 几何球体将更改为四面体，如图 2-66 所示。

08 在"参数"卷展栏中，勾选"半球"复选框，如图 2-67 所示。

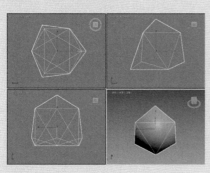

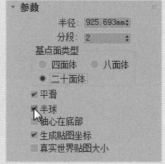

图 2-66   图 2-67

09 几何球体将更改为半球形状，如图 2-68 所示。

几何球体与球体的
区别在于，几何球体是
由三角面构成的，而球
体是由四角面构成的。

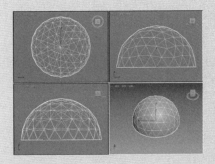

图 2-68

2.2.5 圆柱体

创建圆柱体也非常简单，和创建球体相同的是可以通过边和中心
两种方法创建圆柱体，在几何体命令面板中单击圆柱体按钮后，在命
令面板的下方会弹出圆柱体的"参数"卷展栏，如图 2-69 所示。

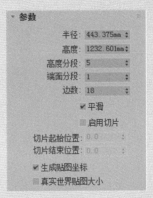

图 2-69

下面具体介绍"参数"卷展栏中各选项的含义。

- 半径：设置圆柱体的半径大小。
- 高度：设置圆柱体的高度值，在数值为负数时，将在构造平面
  下创建圆柱体。
- 高度分段：设置圆柱体高度上的分段数值。
- 端面分段：设置圆柱体顶面和底面中心的同心分段数量。
- 边数：设置圆柱体周围的边数。

下面将具体介绍创建圆柱体的操作方法。

01 单击"圆柱体"按钮，在任意视图中单击并拖动鼠标确定
圆柱体底面半径。释放鼠标后上下移动鼠标确定圆柱体高度，
最后单击鼠标左键即可创建圆柱体，透视视图效果如图 2-70
所示。

02 在"参数"卷展栏中勾选"启用切片"复选项，设置切片角度，
如图 3-71 所示。

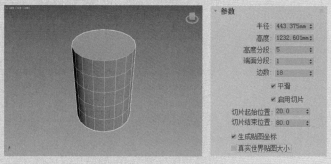

图 2-70   图 2-71

03 设置完成后，效果如图 2-72 所示。

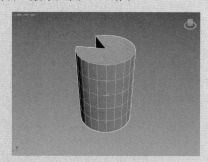

图 2-72

2.2.6 管状体

管状体主要应用于管道之类模型的制作，其创建方法非常简单，在"几何体"命令面板中单击"管状体"按钮，在命令面板的下方将弹出"参数"卷展栏，如图 2-73 所示。

图 2-73

下面具体介绍其参数卷展栏中各选项的含义。

- 半径 1 和半径 2：设置管状体的底面圆环的内径和外径的大小。
- 高度：设置管状体高度。

- 高度分段：设置管状体高度分段的精度。
- 端面分段：设置管状体端面分段的精度。
- 边数：设置管状体的边数，值越大，渲染的管状体越平滑。
- 平滑：勾选该复选框，将对管状体进行平滑处理。
- 启用切片：勾选该复选框，将激活"切片起始位置"和"切片结束位置"微调框，在其中可以设置切片的角度。

下面将具体介绍创建管状体的操作方法。

01 单击"管状体"按钮，在任意视图单击鼠标并拖动鼠标创建管状体外部半径，如图 2-74 所示。

02 释放鼠标并向内拖动鼠标创建管状体内部半径，如图 2-75 所示。

03 单击鼠标左键确认内部半径，向上拖动鼠标，即可创建管状体，如图 2-76 所示。

图 2-74

图 2-75

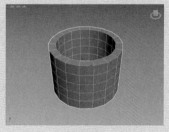
图 2-76

2.2.7　圆环

创建圆环的方法和其他标准基本体有许多相同点，在命令面板中执行圆环命令后，在命令面板的下方将弹出"参数"卷展栏，如图 2-77 所示。

图 2-77

下面具体介绍"参数"卷展栏中各选项的含义。

- 半径 1：设置圆环轴半径的大小。

- 半径2: 设置截面半径大小, 定义圆环的粗细程度。
- 旋转: 将圆环顶点围绕通过环形中心的圆形旋转。
- 扭曲: 决定每个截面扭曲的角度, 产生扭曲的表面, 数值设置不当, 就会产生只扭曲第一段的情况, 此时只需要将扭曲值设置为360.0, 或者勾选下方的切片即可。
- 分段: 设置圆环的分数划分数目, 值越大, 得到的圆形越光滑。
- 边数: 设置圆环上下方向上的边数。
- 平滑: 在"平滑"选项组中包含全部、侧面、无和分段四个选项。全部: 对整个圆环进行平滑处理。侧面: 平滑圆环侧面。无: 不进行平滑操作。分段: 平滑圆环的每个分段, 沿着环形生成类似环的分段。

下面将具体介绍创建圆环的操作方法。

01 单击"圆环"按钮, 任意视图拖动鼠标, 定义圆环半径1大小, 如图2-78所示。

02 释放鼠标左键, 并拖动鼠标, 定义圆环的半径2大小, 单击鼠标右键即可创建圆环, 如图2-79所示。

03 在"参数"卷展栏中, 设置圆环分段为3, 如图2-80所示。

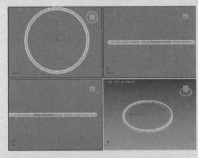
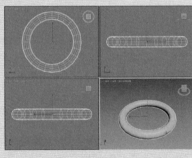
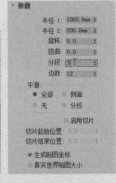

图2-78　　　　　　　　　　图2-79　　　　　　　　　　图2-80

04 圆环的分段数将更改为3, 效果如图2-81所示。

05 在"参数"卷展栏中, 设置圆环的边数为3, 如图2-82所示。

06 圆环的边数将更改为3, 效果如图2-83所示。

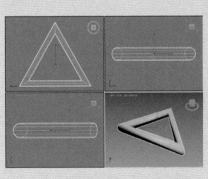

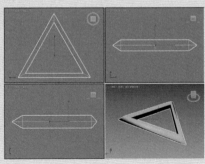

图2-81　　　　　　　　　　图2-82　　　　　　　　　　图2-83

■ 2.2.8　茶壶

　　茶壶是标准基本体中唯一完整的三维模型实体，单击并拖动鼠标即可创建茶壶的三维实体。在命令面板中单击"茶壶"按钮后，命令面板下方会显示"参数"卷展栏，如图 2-84 所示。

　　下面具体介绍"参数"卷展栏中各选项的含义。

- 半径：设置茶壶的半径大小。
- 分段：设置茶壶及单独部件的分段数。
- 茶壶部件：在"茶壶部件"选项组中包含壶体、壶把、壶嘴、壶盖 4 个茶壶部件，勾选相应的部件，则在视图区将不显示该部件。

　　下面将具体介绍创建茶壶的操作方法。

01 单击"茶壶"按钮，在任意视图单击并拖动鼠标，释放鼠标左键即可创建茶壶，如图 2-85 所示。

02 进入修改命令面板，在"参数"卷展栏中可以观察到茶壶的半径、分段等参数，如图 2-86 所示。

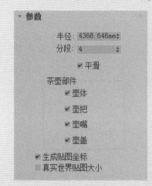

图 2-84

图 2-85

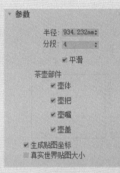

图 2-86

03 在"参数"卷展栏中取消勾选"壶体""壶把"复选框，如图 2-87 所示。

04 修改后的效果如图 2-88 所示。

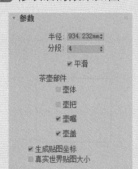

图 2-87

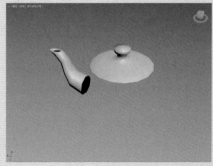

图 2-88

■ 2.2.9 平面

平面是一种没有厚度的长方体，在渲染时可以无限放大。平面常用来创建大型场景的地面或墙体。此外，用户可以为平面模型添加噪波等修改器，来创建陡峭的地形或波涛起伏的海面。

在"几何体"命令面板中单击"平面"按钮，命令面板的下方将显示"参数"卷展栏，如图 2-89 所示。

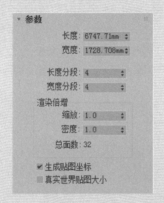

图 2-89

下面具体介绍"参数"卷展栏中各选项的含义。

- 长度：设置平面的长度。
- 宽度：设置平面的宽度。
- 长度分段：设置长度的分段数量。
- 宽度分段：设置宽度的分段数量。
- 渲染倍增："渲染倍增"选项组包含缩放、密度、总面数 3 个选项。缩放：指定平面几何体的长度和宽度在渲染时的倍增数，从平面几何体中心向外缩放。密度：指定平面几何体的长度和宽度分段数在渲染时的倍增数值。总面数：显示创建平面物体中的总面数。

■ 2.2.10 加强型文本

加强型文本作为 2018 版本的新功能，主要作用是通过文本内容表达模型，在命令面板中单击"加强型文本"按钮，在视图中框选出文本框范围，在命令面板下方会打开"参数"卷展栏，如图 2-90 所示。创建好的加强型文本内容如图 2-91 所示。

下面具体介绍加强型文本"参数"卷展栏中常用选项的含义。

- 文本：输入所需要的文本内容。
- 打开大文本窗口：打开大文本窗口，在窗口中输入更多的文本内容。
- 字体：设置字体样式。

- 对齐：设置文本内容的对齐方式，包括左对齐、中心对齐、右对齐、最后一个左对齐、最后一个中心对齐、最后一个右对齐、完全对齐共 7 种对齐方式。
- 全局参数：大小：设置文本内容大小值。跟踪：设置文本内容之间的列间距。行间距：设置文本内容之间的行间距。V 比例和 H 比例：对文本内容进行缩放。

图 2-90　　　　　　　　　　图 2-91

小试身手——创建茶几与茶具模型

下面将结合以上所学知识创建茶几与茶具模型。

01 创建茶几模型。单击"长方体"按钮，创建 1000mm×800mm×30mm 的长方体作为桌面，如图 2-92 所示。

02 继续创建 60mm×60mm×450mm 的长方体作为桌腿，并进行复制，如图 2-93 所示。

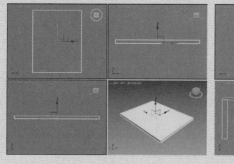
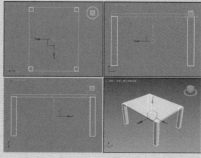

图 2-92　　　　　　　　　　图 2-93

03 继续创建 40mm×800mm×40mm 和 1000mm×40mm×40mm 的长方体作为固定架，并将其进行复制，如图 2-94 所示。

04 继续创建 40mm×600mm×40mm 的长方体作为木条，如图 2-95 所示。

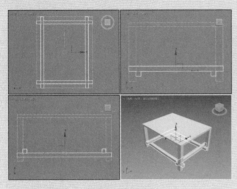

图 2-94

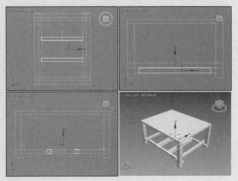

图 2-95

05 单击"茶壶"按钮,创建半径为 80mm 的茶壶模型,如图 2-96
所示。

06 复制茶壶模型,在"参数"卷展栏中设置复制后茶壶的参数,
如图 2-97 所示。

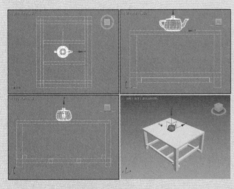

图 2-96

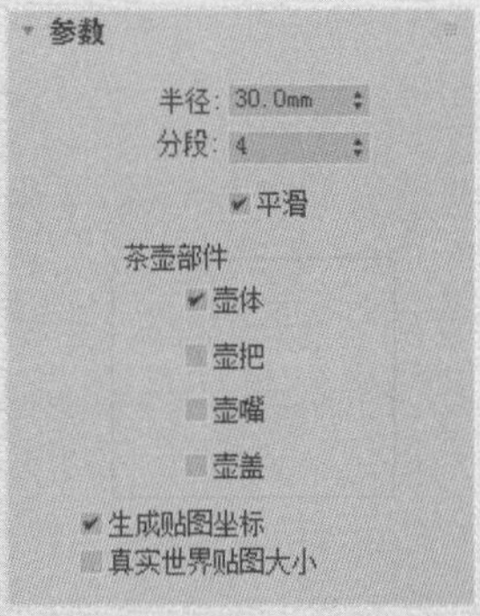

图 2-97

07 创建好的茶杯模型效果如图 2-98 所示。

08 复制茶杯模型,并将其创建成组,完成茶几与茶杯模型的
创建,如图 2-99 所示。

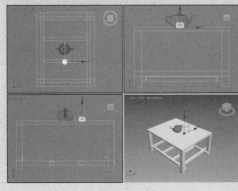

图 2-98

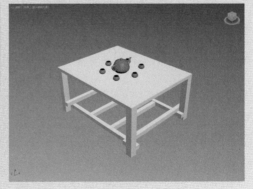

图 2-99

2.3 创建扩展基本体

扩展基本体可以创建带有倒角、圆角和特殊形状的物体，和标准基本体相比，它较为复杂一些。用户可以通过以下方式创建扩展基本体。

- 执行“创建”|“扩展基本体”的子命令。
- 在命令面板中单击“创建”按钮，然后单击“标准基本体”右侧的▼按钮，在弹出的下拉列表中选择“扩展基本体”选项，并在该列表中选择相应的“扩展基本体”按钮。

2.3.1 异面体

知识拓展

在 3ds max 中无论是标准基本体模型还是扩展基本体模型，都具有创建参数，用户可以通过这些创建参数对几何体进行适当的变形处理。

异面体是由多个边面组合而成的三维实体图形，它可以调节异面体边面的状态，也可以调整实体面的数量改变其形状。在“扩展基本体”命令面板中单击“异面体”按钮后，在命令面板下方将弹出创建异面体“参数”卷展栏，如图 2-100 所示。

下面具体介绍“参数”卷展栏中各选项组的含义。

- 系列：该选项组包含四面体、立方体/八面体、十二面体/二十面体、星形 1、星形 2 共 5 个选项。主要用来定义创建异面体的形状和边面的数量。
- 系列参数：系列参数中的 P 和 Q 两个参数控制异面体的顶点和轴线双重变换关系，两者之和不可以大于1。
- 轴向比率：轴向比率中的 P、Q、R 三个参数分别为其中一个面的轴线，设置相应的参数可以使其面进行突出或者凹陷。
- 顶点：设置异面体的顶点。
- 半径：设置创建异面体的半径大小。

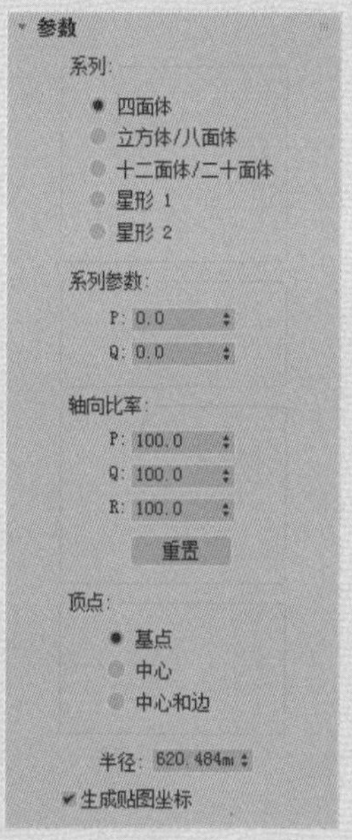

图 2-100

下面将具体介绍创建异面体的操作方法。

01 单击“异面体”按钮，在任意视图拖动鼠标设置异面体大小，设置完成后释放鼠标左键，即可创建异面体，如图 2-101 所示。

02 在“参数”卷展栏中，设置 P 为 0.8，Q 为 0.1，如图 2-102 所示。

03 更改后的效果如图 2-103 所示。

04 在"参数"卷展栏中，设置 P 为 100，Q 为 50，R 为 80，如图 2-104 所示。

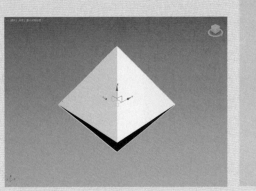

图 2-101

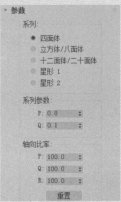

图 2-102

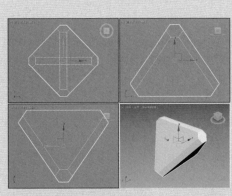

图 2-103

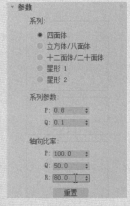

图 2-104

05 设置 P 为 100，Q 为 50，R 为 80，效果如图 2-105 所示。

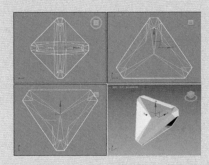

图 2-105

■ 2.3.2 切角长方体

切角长方体在创建模型时应用十分广泛，常被用于创建带有圆角的长方体结构。在"扩展基本体"命令面板中单击"切角长方体"按钮后，命令面板下方将弹出设置切角长方体的"参数"卷展栏，如图 2-106 所示。

图 2-106

下面具体介绍"参数"卷展栏中各选项的含义。

- 长度、宽度：设置切角长方体地面或顶面的长度和宽度。
- 高度：设置切角长方体的高度。
- 圆角：设置切角长方体的圆角半径。值越高，圆角半径越明显。
- 长度分段、宽度分段、高度分段、圆角分段：设置切角长方体分别在长度、宽度、高度和圆角上的分段数目。

下面将具体介绍创建切角长方体的操作方法。

01 单击"切角长方体"按钮，在透视图上单击并拖动鼠标，设置长方体的底面，如图 2-107 所示。

02 释放鼠标左键并向上拖动鼠标，设置切角长方体的高度，然后单击鼠标左键确认高度，如图 2-108 所示。

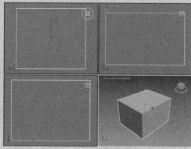

图 2-107　　　　　　　　　图 2-108

03 释放鼠标左键后，向上拖动鼠标，即可设置切角长方体圆角半径。设置完成后单击鼠标左键即可创建切角长方体，如图 2-109 所示。

04 如果对创建的切角长方体不满意，可以在"参数"卷展栏中设置相应的参数，如图 2-110 所示。

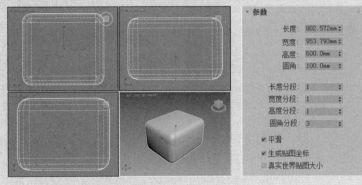

图 2-109   图 2-110

■ 2.3.3　切角圆柱体

　　创建切角圆柱体和创建切角长方体的方法相同。但在"参数"卷
展栏中设置圆柱体的各参数却有部分不相同，如图 2-111 所示。

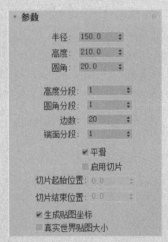

图 2-111

　　下面具体介绍"参数"卷展栏中各选项的含义。

- 半径：设置切角圆柱体的底面或顶面的半径大小。
- 高度：设置切角圆柱体的高度。
- 圆角：设置切角圆柱体的圆角半径大小。
- 高度分段、圆角分段、端面分段：设置切角圆柱体高度、圆角
  和端面的分段数目。
- 边数：设置切角圆柱体边数，数值越大，圆柱体越平滑。
- 平滑：勾选"平滑"复选框，即可将创建的切角圆柱体在渲染
  中进行平滑处理。

- 启用切片：勾选其复选框，将激活"切片起始位置"和"切片结束位置"微调框，在其中可以设置切片的角度。

下面将具体介绍创建切角圆柱体的操作方法。

01 单击"切角圆柱体"按钮，在"透视"视图单击并拖动鼠标设置切角圆柱体的半径大小，如图 2-112 所示。

02 释放鼠标左键，然后向上移动鼠标，设置切角圆柱体高度，如图 2-113 所示。

03 单击鼠标左键，确认高度，再释放鼠标左键，向上拖动鼠标，即可设置切角圆柱体圆角半径，如图 2-114 所示。

04 在"参数"卷展栏中设置圆角大小，如图 2-115 所示。

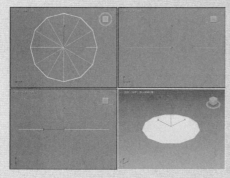

图 2-112

图 2-113

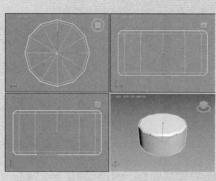

图 2-114

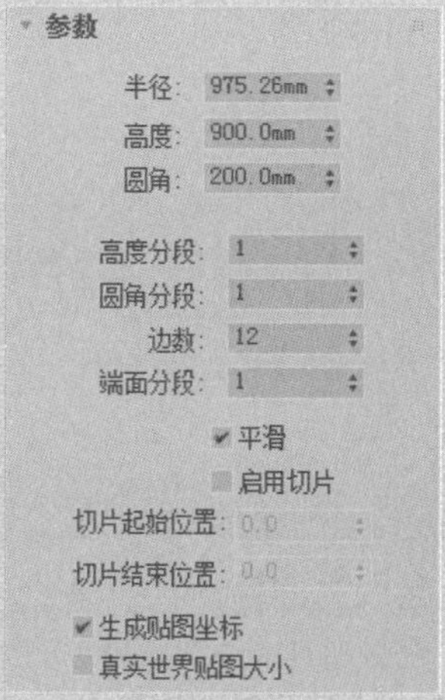

参数

半径:	975.26mm
高度:	900.0mm
圆角:	200.0mm
高度分段:	1
圆角分段:	1
边数:	12
端面分段:	1

　☑ 平滑
　☐ 启用切片
切片起始位置: 0.0
切片结束位置: 0.0
　☑ 生成贴图坐标
　☐ 真实世界贴图大小

图 2-115

05 设置完成后如图 2-116 所示。

06 再分别设置高度分段为 10，圆角分段为 5，边数为 20，设置完成后，如图 2-117 所示。

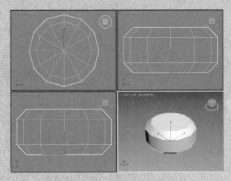
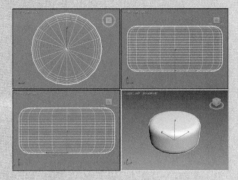

图 2-116   图 2-117

■ 2.3.4 油罐／胶囊／纺锤／软管

油罐、胶囊和纺锤的制作方法非常相似。下面逐一介绍创建方法。

下面将以创建油罐、胶囊和纺锤为例，具体介绍其创建方法。

01 创建油罐，单击"油罐"按钮，在视图单击并拖动鼠标设置油罐底面半径，如图 2-118 所示。

02 释放鼠标左键，并向上拖动鼠标，设置油罐高度，如图 2-119 所示。

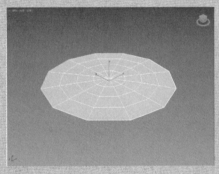

图 2-118   图 2-119

03 单击鼠标左键确认高度，再向上拖动鼠标，确定油罐封口高度，如图 2-120 所示。

04 单击鼠标左键即可创建油罐，在"参数"卷展栏中设置混合数值（"混合"控制半圆与圆柱体交接边缘的圆滑量），如图 2-121 所示。

05 设置完成后，效果如图 2-122 所示。

06 创建胶囊，单击"胶囊"按钮，在"透视"视图单击并拖动鼠标左键，设置胶囊半径，释放鼠标后向上移动鼠标设置胶囊高度，设置完成后单击鼠标左键即可创建胶囊，如图 2-123 所示。

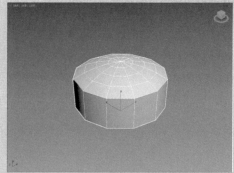

图 2-120   图 2-121

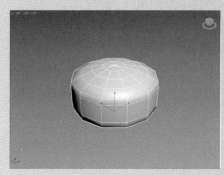

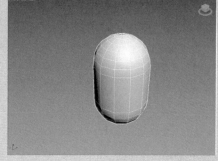

图 2-122   图 2-123

07 在"参数"卷展栏中勾选"启用切片"复选框，并设置切片的起始位置和结束位置，如图 2-124 所示。

08 设置完成后，如图 2-125 所示。

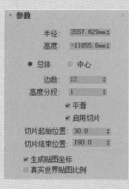

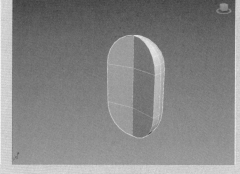

图 2-124   图 2-125

09 创建纺锤，单击"纺锤"按钮，在"透视"视图单击并拖动鼠标，设置纺锤半径大小，如图 2-126 所示。

10 释放鼠标左键，并拖动鼠标，设置纺锤高度，如图 2-127 所示。

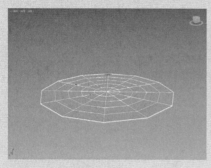

图 2-126

图 2-127

11 单击鼠标左键确定纺锤高度，释放鼠标左键后，向上拖动鼠标设置封口高度，设置完成后单击鼠标左键即可创建纺锤，如图 2-128 所示。

12 在"参数"卷展栏中设置混合参数为 300，设置完成后，效果如图 2-129 所示。

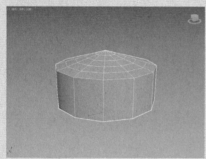

图 2-128

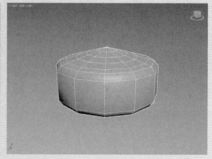

图 2-129

软管应用于管状模型的创建，如喷淋管、弹簧等。下面具体介绍软管的创建方法。

01 单击"软管"按钮，在"透视"视图单击并拖动鼠标，设置软管底面的半径大小，如图 2-130 所示。

02 释放鼠标左键并移动鼠标设置软管高度，设置完成后单击鼠标左键即可创建软管，如图 2-131 所示。

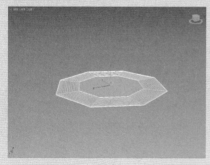

图 2-130

图 2-131

03 在"软管参数"卷展栏的"软管形状"选项组中可以设置软管的形状，选中"长方体软管"单选按钮，软管将更改成长方体形状，如图 2-132 所示。

04 单击"D 截面软管"按钮，此时，软管将更改为 D 截面形状，如图 2-133 所示。

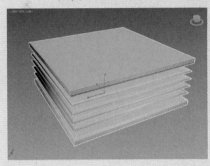

图 2-132　　　　　　　　　　　图 2-133

小试身手——创建单人沙发模型

下面将结合以上所学知识，创建单人沙发模型，具体操作如下。

01 单击"切角长方体"按钮，设置长为 600mm，宽为 600mm，高为 150mm，圆角为 10mm，创建切角长方体，作为沙发底座，如图 2-134 所示。

02 向上复制切角长方体，设置圆角为 40mm，作为沙发垫，如图 2-135 所示。

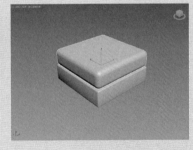

图 2-134　　　　　　　　　　　图 2-135

03 继续创建长为 100mm，宽为 600mm，高为 500mm，圆角为 10mm 的切角长方体，并将其进行复制，创建长为 100mm，宽为 800mm，高为 700mm，圆角为 10mm 的切角长方体，作为沙发扶手和沙发靠背，如图 2-136 所示。

04 单击"胶囊"按钮，创建半径为 80mm，高为 450mm，边数为 30 的胶囊，作为腰枕，完成单人沙发模型的创建，并创建成组，如图 2-137 所示。

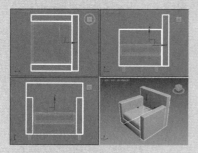
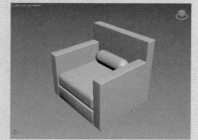

图 2-136 图 2-137

2.4 课堂练习——创建双人床模型

根据床的风格、材料的不同，样式也多种多样。导入的模型往往文件很大，在进行操作时经常出现卡顿等情况，用户创建的模型，可以更好地体验 3ds max 软件。接下来将创建双人床模型，具体创建步骤如下。

01 创建床模型。单击"切角长方体"按钮，创建长为 2100mm，宽为 2000mm，高为 150mm，圆角为 10mm 的床板模型，如图 2-138 所示。

02 向上复制模型，设置长为 2000mm，宽为 1800mm，高为 250mm，圆角为 40mm 的床垫模型，如图 2-139 所示。

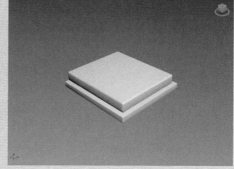

图 2-138 图 2-139

03 继续创建长为 250mm，宽为 2100mm，高为 50mm，圆角为 10mm 的床腿模型，如图 2-140 所示。

04 单击"长方体"按钮，创建长为 60mm，宽为 2200mm，高为 1000mm 的床靠背模型，如图 2-141 所示。

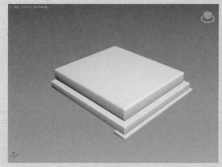

图 2-140

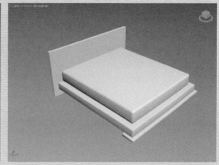

图 2-141

05 创建床头柜模型。继续创建长、宽、高均为 500mm 的正方体床头柜模型，如图 2-142 所示。

06 向上复制刚绘制的正方体模型，设置长为 600mm，宽为 600mm，高为 15mm 作为床头柜桌面，如图 2-143 所示。

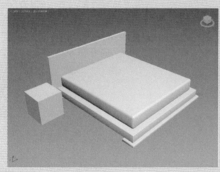

图 2-142

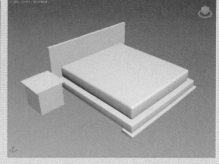

图 2-143

07 单击"切角长方体"按钮，创建长为 15mm，宽为 385mm，高为 150mm，圆角为 5mm 的柜门模型，并将其进行复制，如图 2-144 所示。

08 复制创建好的床头柜模型，并将其创建成组，完成双人床模型的绘制，如图 2-145 所示。

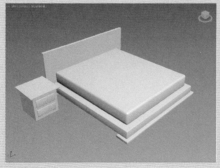

图 2-144

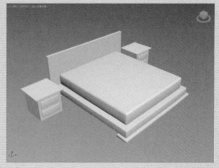

图 2-145

强化训练

通过本章的学习，读者对样条线、标准基本体、扩展基本体等知识有了一定的认识。为了使读者更好地掌握本章所学的知识，在此列举两个针对本章知识的习题，以供读者练手。

1. 创建办公桌模型

利用"长方体""切角长方体"命令，创建办公桌模型，如图 2-146、图 2-147 所示。

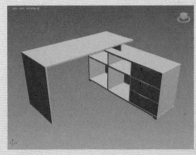 

图 2-146　　　　　　　　　　　图 2-147

操作提示：

01 单击"长方体"按钮，创建办公桌主体模型。

02 单击"切角长方体"按钮，创建办公桌柜门模型，如图 2-146 所示。

03 赋予模型材质进行渲染，如图 2-147 所示。

2. 创建茶几模型

下面利用长方体命令创建茶几模型，如图 2-148、图 2-149 所示。

 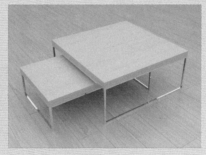

图 2-148　　　　　　　　　　　图 2-149

操作提示：

01 单击"长方体"按钮，创建茶几桌面。

02 继续执行当前命令，创建茶几腿模型，如图 2-148 所示。

03 赋予模型材质进行渲染，如图 2-149 所示。

第 3 章

高级建模技术

本章概述 SUMMARY

在 3ds max 中，除了内置的几何体模型外，用户可以通过对二维图形的挤压、放样等操作来制作三维模型，还可以利用基础模型、面片、网格等来创建三维物体。本章将对这些建模技术进行介绍。

■ 学习目标

通过对本章内容的学习，读者可以更加全面地了解建模的方法，掌握各种建模的操作方法，从而高效地创建出自己想要的模型。

■ 要点难点
- √ NURBS 建模
- √ 可编辑对象
- √ 创建复合对象
- √ 常用修改器类型

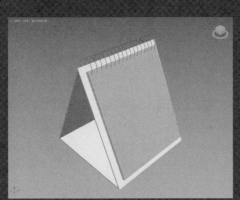

◎台历模型

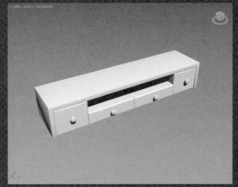

◎电视柜模型

3.1 NURBS 建模

在 3ds max 中建模的方式之一是使用 NURBS 曲面和曲线。NURBS 表示非均匀有理数 B 样条线，特别适合于为含有复杂曲线的曲面建模，因为这些对象很容易交互操作，且创建它们的算法效率高，计算稳定性好。

■ 3.1.1 NURBS 对象

NURBS 对象包含曲线和曲面两种，如图 3-1、图 3-2 所示，NURBS 建模也就是创建 NURBS 曲线和 NURBS 曲面的过程，使用它可以使以前实体建模难以达到的圆滑曲面的构建变得简单方便。

图 3-1

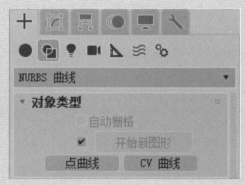

图 3-2

（1）NURBS 曲面

运用 NURBS 曲面创建好的藤艺灯饰模型如图 3-3 所示。NURBS 曲面包含点曲面和 CV 曲面两种，含义如下。

- 点曲面：由点来控制模型的形状，每个点始终位于曲面上。
- CV 曲面：由控制顶点来控制模型的形状，CV 形成围绕曲面的控制晶格，而不是位于曲面上。

（2）NURBS 曲线

运用 NURBS 曲线创建好的高脚杯模型如图 3-4 所示。NURBS 曲线包含点曲线和 CV 曲线两种，含义如下。

- 点曲线：由点来控制曲线的形状，每个点始终位于曲线上。
- CV 曲线：由控制顶点来控制曲线的形状，这些控制顶点不必位于曲线上。

> **知识拓展**
>
> NURBS 造型系统由点、曲线和曲面三种元素构成，曲线和曲面又分为标准和 CV 型，创建它们既可以在创建命令面板内完成，也可以在一个 NURBS 造型内部完成。

图 3-3   图 3-4

■ 3.1.2 编辑 NURBS 对象

在 NURBS 对象的参数面板中共有 7 个卷展栏，分别是"常规""显示线参数""曲面近似""曲线近似""创建点""创建曲线"和"创建曲面"卷展栏，如图 3-5 所示。而在选择"曲面"或者"点"子层级时，又会分别出现不同的参数卷展栏，如图 3-6、图 3-7 所示。

图 3-5   图 3-6   图 3-7

（1）常规

"常规"卷展栏中包含附加、导入以及 NURBD 工具箱等，如图 3-8 所示。单击"NURBS 创建工具箱"按钮 ，即可打开 NURBS 工具箱，如图 3-9 所示。

图 3-8   图 3-9

（2）曲面近似

为了渲染和显示视口，可以使用"曲面近似"卷展栏，控制 NURBS 模型中的曲面子层级的近似值求解方式。参数面板如图 3-10 所示，其中常用选项的含义如下。

- 基础曲面：启用此选项后，设置将影响选择集中的整个曲面。
- 曲面边：启用该选项后，设置影响由修剪曲线定义的曲面边的细分。
- 置换曲面：只有在选中"渲染器"的时候才启用。
- 细分预设：用于选择低、中、高质量层级的预设曲面近似值。
- 细分方法：如果已经选择视口，该组中的控件会影响 MURBS 曲面在视口中的显示。如果选择"渲染器"，这些控件还会影响渲染器显示曲面的方式。
- 规则：根据 U 向步数、V 向步数在整个曲面内生成固定的细化。
- 参数化：根据 U 向步数、V 向步数生成自适应细化。
- 空间：生成由三角形面组成的统一细化。
- 曲率：根据曲面的曲率生成可变的细化。
- 空间和曲率：通过所有三个值使空间方法和曲率方法完美结合。

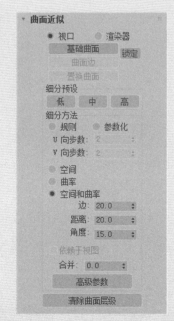

图 3-10

（3）曲线近似

在模型级别上，近似空间影响模型中的所有曲线子对象。参数面板如图 3-11 所示，各参数含义如下。

- 步数：用于近似每个曲线段的最大线段数。
- 优化：启用此复选框可以优化曲线。
- 自适应：基于曲率自适应分割曲线。

图 3-11

（4）创建点 / 曲线 / 曲面

这三个卷展栏中的工具与 NURBS 工具箱中的工具相对应，主要用来创建点、创建曲线、创建曲面对象，如图 3-12、图 3-13、图 3-14 所示。

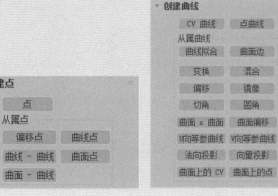

图 3-12　　图 3-13

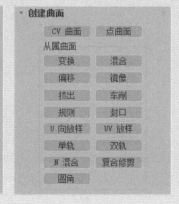

图 3-14

小试身手——创建造型长椅模型

下面将结合以上所学知识创建造型长椅模型，具体操作如下。

01 在前视图单击"线"按钮，绘制靠椅的轮廓样条线，如图 3-15 所示。

02 进入修改命令面板，在"顶点"子层级中全选顶点，单击鼠标右键，在弹出的快捷菜单中选择"平滑"命令，调整样条线，如图 3-16 所示。

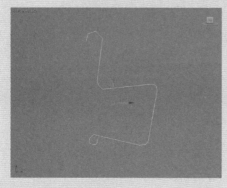

图 3-15

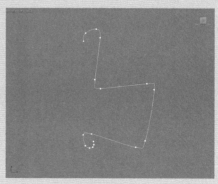

图 3-16

03 复制并调整样条线的位置，如图 3-17 所示。

04 全选样条线，将其转换为 NURBS，在"常规"卷展栏中单击"NURBS 创建工具箱"按钮，如图 3-18 所示。

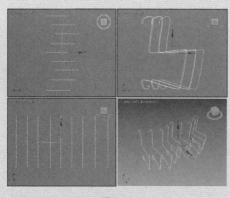

图 3-17

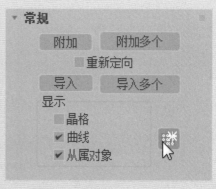

图 3-18

05 在打开的 NURBS 对话框中，单击"创建 U 向放样曲面"按钮，如图 3-19 所示。

06 在视口中依次选择样条线，效果如图 3-20 所示。

07 为模型添加"壳"修改器，在"参数"卷展栏中设置外部量为 10mm，如图 3-21 所示。

08 创建好的造型长椅效果如图 3-22 所示。

图 3-19

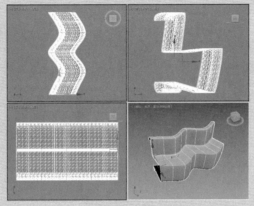

图 3-20

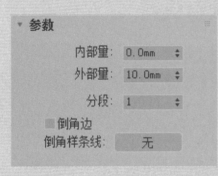

图 3-21

图 3-22

3.2　创建复合对象

所谓复合对象是指利用两种或者两种以上二维图形或三维模型复合成一种新的、比较复杂的三维造型。

在命令面板中选择"创建" ＋ |"几何体" ● |"复合对象"选项，即可看到所有对象类型，其中包括变形、散布、一致、连接、水滴网格、图形合并、布尔、地形、放样、网格化、ProBoolean、ProCutter，如图 3-23 所示。

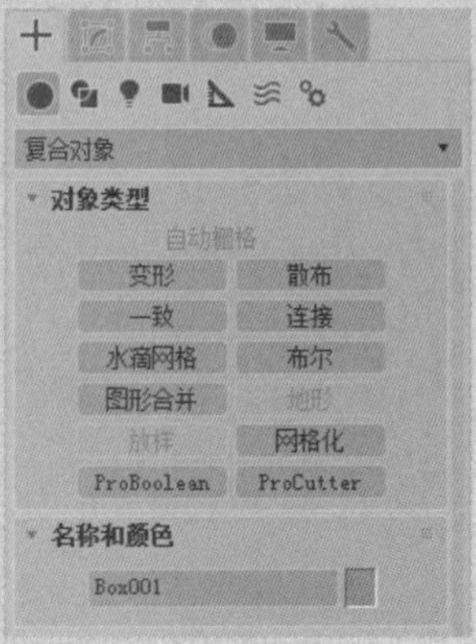

下面将对这些创建命令进行介绍。

- 变形：两个具有相同顶点数的对象之间自动插入动画帧，使一个对象变成另外一个对象，完成变形动画的制作。
- 散布：在选定的分布对象上使离散对象随机地分布在对象的表面或体内。
- 连接：连接两个具有开放面的对象，因此两个对象都必须是网格对象或是可以转换为网格对象的模型，并且它们必须都有开

图 3-23

放面，通常的做法是将需要连接部分的面删除而生成开放面。

- 水滴网格：这是一个变形球建模系统，可以制作流体附着在物体表面的动画和黏稠的液体。
- 布尔：这是一个数学集合的概念，它对两个或两个以上具有重叠部分的对象进行布尔运算。运算方式包括并集（相当于数学运算"+"）、差集（相当于数学运算"-"）、交集（取两个对象重叠的部分）、"合并""附加""插入"。
- 放样：沿样条曲线放置横截面样条曲线。

3.2.1　布尔

布尔是通过对两个以上的物体进行布尔运算，从而得到新的物体形态，布尔运算包括并集、差集、交集、合并等运算方式。利用不同的运算方式，会形成不同的物体形状。下面将具体介绍布尔的操作方法。

01 在视图中创建长方体和圆柱体，并将其放置在合适位置，并选择任意物体，如图 3-24 所示。

02 单击"布尔"按钮，在"运算对象参数"卷展栏中系统默认"并集"选项，如图 3-25 所示。

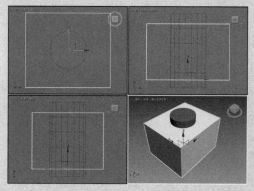

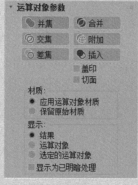

图 3-24

图 3-25

03 在"布尔参数"卷展栏中单击"添加运算对象"按钮，在视口中选择圆柱体，效果如图 3-26 所示。

04 在"运算对象参数"卷展栏中单击"交集"按钮，如图 3-27 所示。

05 在"布尔"参数卷展栏中单击"添加运算对象"按钮，在视口中选择圆柱体，效果如图 3-28 所示。

06 在"运算对象参数"卷展栏中单击"差集"按钮，在"布尔"参数卷展栏中单击"添加运算对象"按钮，在视口中选择圆柱体，效果如图 3-29 所示。

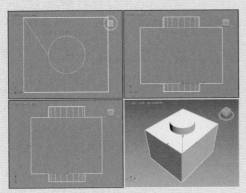

图 3-26

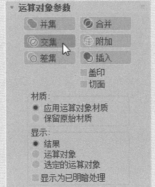

图 3-27

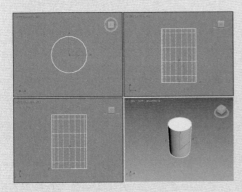

图 3-28

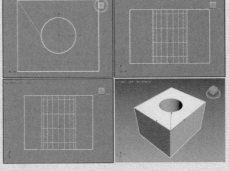

图 3-29

07 在"运算对象参数"卷展栏中单击"合并"按钮，在"布尔"参数卷展栏中单击"添加运算对象"按钮，在视口中选择圆柱体，效果如图 3-30 所示。插入效果与合并效果相同，这里不做过多操作。

08 在"运算对象参数"卷展栏中单击"附加"按钮，在"布尔"参数卷展栏中单击"添加运算对象"按钮，在视口中选择圆柱体，效果如图 3-31 所示。

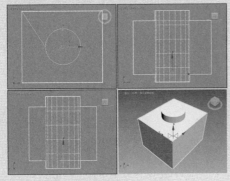

图 3-30

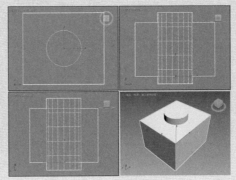

图 3-31

■ 3.2.2 放样

放样是将二维图形作为三维模型的横截面，沿着一定的路径，生成三维模型，所以只可以对样条线进行放样。横截面和路径都可以发生变化，从而创建复杂的三维物体。下面将具体介绍放样的操作步骤，具体操作如下。

01 利用样条线在顶视图创建一个星形样条线，如图 3-32 所示。

02 然后在前视图绘制一条垂直的直线样条线，如图 3-33 所示。

图 3-32

图 3-33

绘图技巧

放样可以选择物体的截面图形后获取路径放样物体，也可通过选择路径后获取图形的方法放样物体。

03 单击"放样"按钮，在"创建方法"卷展栏中单击"获取路径"按钮，如图 3-34 所示。

04 在透视图中选择星形图形，放样效果如图 3-35 所示。

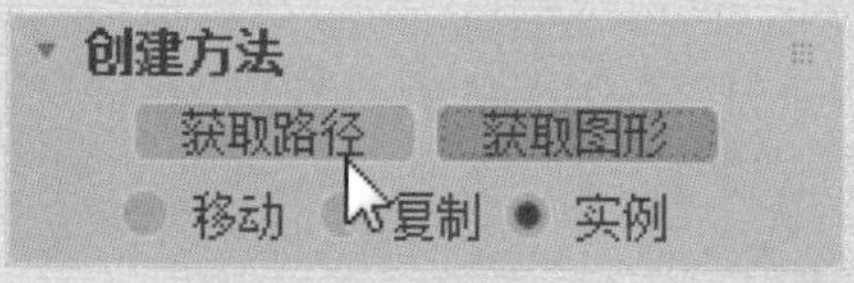

创建方法

获取路径　　获取图形
● 移动　　● 复制　　● 实例

图 3-34

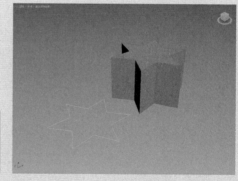

图 3-35

小试身手——创建垃圾桶模型

下面将结合以上所学知识创建垃圾桶模型，具体操作如下。

01 单击"切角圆柱体"按钮，设置半径为 200mm，高度为 500mm，圆角为 10mm，圆角分段为 3，边数为 24，效果如图 3-36 所示。

02 单击"切角长方体"按钮，设置长度为200mm、宽度为120mm、高度为120mm、圆角为5mm、圆角分段为3mm，并将创建好的切角长方体放在切角圆柱体合适位置，如图3-37所示。

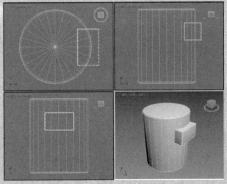

图 3-36   图 3-37

03 选择切角圆柱体，在"复合对象"命令面板中单击"布尔"按钮，在"运算对象参数"卷展栏中单击"差集"按钮，如图3-38所示。

04 在"布尔参数"卷展栏中单击"添加运算对象"按钮，在视口中选择切角长方体，如图3-39所示。

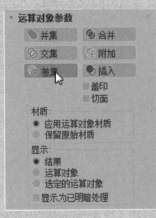
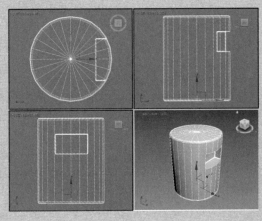

图 3-38   图 3-39

05 继续创建切角圆柱体，设置半径为180mm，高度为450mm，圆角为30mm，圆角分段为3，边数为24，放在模型内部，如图3-40所示。

06 选择差集后的模型，单击"差集"按钮，将刚创建的切角圆柱体从模型中减去，创建好的垃圾桶模型，如图3-41所示。

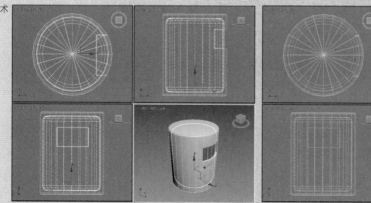

图 3-40   图 3-41

3.3 可编辑对象

可编辑对象包括"可编辑样条线""可编辑多边形""可编辑网格"，这些可编辑对象都包含于修改器之中。这些命令在建模中是必不可少的，用户必须熟练掌握，下面将对其进行介绍。

■ 3.3.1 可编辑样条线

创建样条线之后，若不满足用户的需要，可以对编辑和修改创建的样条线，在 3ds max 中除了可以通过"节点""线段"和"样条线"等编辑样条线，还可以在参数卷展栏更改数值编辑样条线。

（1）样条线的组成部分

样条线包括节点、线段、切线手柄、步数等部分，利用样条线的组成部分可以不断地调整其状态和形状。

节点就是组成样条线上任意一段的端点，线段是指两端点之间的距离，单击鼠标右键，在弹出的快捷菜单中选择 Bezier 角点，顶点上就是显示切线手柄，调整手柄的方向和位置，可以更改样条线的形状。

（2）转换为可编辑样条线

如果需要对创建的样条线的节点、线段等进行修改，首先需要转换为可编辑样条线，才可以进行编辑操作。

选择样条线并单击鼠标右键，在弹出的快捷菜单中选择"转换为可编辑样条线"命令，如图 3-42 所示，此时将转换为可编辑样条线，在修改器堆栈栏中可以选择编辑样条线方式，如图 3-43 所示。

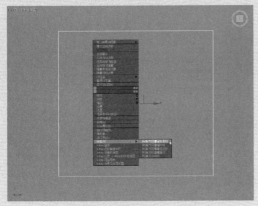

图 3-42   图 3-43

（3）编辑顶点子层级

在顶点和线段之间创建的样条线，这些元素称为样条线子层级，将样条线转换为可编辑样条线之后，可以编辑顶点子层级、线段子层级和样条线子层级等。

在进行编辑顶点子层级之前首先要把可编辑的样条线切换成顶点子层级，用户可以通过以下方式切换顶点子层级。

- 在可编辑样条线上单击鼠标右键，在弹出的快捷菜单中选择"顶点"命令，如图 3-44 所示。
- 在"修改"命令面板修改器堆栈栏中展开"可编辑样条线"卷展栏，在弹出的列表中单击"顶点"选项，如图 3-45 所示。

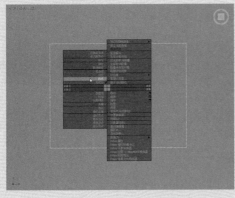
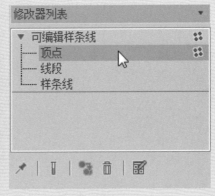

图 3-44   图 3-45

在激活顶点子层级后，命令面板的下面会出现许多修改顶点子层级的选项，下面具体介绍各常用选项的含义。

- 优化：单击该按钮，在样条线上可以创建多个顶点。
- 切角：设置样条线切角。
- 删除：删除选定的样条线顶点。

利用快捷菜单也可以编辑顶点子层级。

单击"Bezier"选项，此时将会显示切线手柄，拖动任意手柄，即可整体调整切线手柄所属的样条线线段。

单击"Bezier角点"选项，两条切线手柄各不相关，拖动任意一方手柄，只可以调整切线手柄的一方，不影响另一方线段。

单击"平滑"选项，即可将顶点所属的线段进行平滑处理。

下面将对分离选项进行深入介绍。"当""同一图形"：表示使分离的线段保留为形状的一部分（而不是生成一个新形状）。"重定向"：用于将分离出的线段复制并重新定位，并使其与当前活动栅格的原点对齐。"复制"：表示复制分离线段，而不是移动它。

（4）编辑线段子层级

激活线段子对象，即可进行编辑线段子对象操作，和编辑顶点子对象相同，激活线段子对象后，在命令面板的下方将会出现编辑线段的各选项，下面具体介绍编辑线段子层级中各常用选项的含义。

- 附加：单击该按钮，选择附加线段，则附加过的线段将合并为一体。
- 附加多个：在"附加多个"对话框中可以选择附加多个样条线线段。
- 横截面：可以在合适的位置创建横截面。
- 优化：创建多个样条线顶点。
- 隐藏：隐藏指定的样条线。
- 全部取消隐藏：取消隐藏选项。
- 删除：删除指定的样条线段。
- 分离：将指定的线段与样条线分离。

（5）编辑样条线子层级

将创建的样条线转换成可编辑样条线之后，激活样条线子对象，在命令面板的下方也会相应地显示编辑样条线子对象的各选项，下面具体介绍编辑样条线子对象中各常用选项的含义。

- 附加：单击该按钮，选择附加的样条线，则附加过的样条线将合并为一体。
- 附加多个：在"附加多个"对话框中可以选择附加多个样条线。
- 轮廓：在轮廓列表框中输入轮廓值即可创建样条线轮廓。
- 布尔：单击相应的"布尔值"按钮，然后再执行布尔运算，即可显示布尔后的状态。
- 镜像：单击相应的镜像方式，然后再执行镜像命令，即可镜像样条线，勾选下方的"复制"复选框，可以执行复制并镜像样条线命令，勾选"以轴为中心"复选框，可以设置镜像中心方式。
- 修剪：单击该按钮，即可添加修剪样条线的顶点。
- 延伸：将添加的修改顶点进行延伸操作。

下面将对布尔选项进行深入介绍。并集：表示将两个重叠样条线组合成一个样条线，重叠的部分被删除。差集：表示从第一个样条线中减去与第二个样条线重叠的部分，并删除第二个样条线中删除的部分。

■ 3.3.2 可编辑多边形

在顶点、边和面之间创建的多边形,这些元素称为多边形的子层级,将多边形转换为可编辑多边形之后,可以编辑顶点、边、多边形层级等。

(1)转换为可编辑多边形

如果需要对多边形的顶点、边、多边形进行修改,就需要将多边形转换为可编辑多边形。选择多边形并单击鼠标右键,在弹出的快捷菜单中选择"转换为可编辑多边形"命令,如图 3-46 所示,此时将转换为可编辑多边形,在修改器堆栈栏中可以选择编辑多边形的方式,如图 3-47 所示。

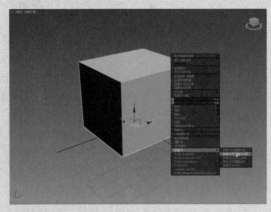

图 3-46   图 3-47

(2)编辑顶点子层级

在选择"顶点"子层级选项后,命令面板的下方将出现修改顶点子层级的卷展栏,如图 3-48 所示,下面具体介绍各卷展栏的含义。

- 选择:设置需要编辑的子层级,并对选择的顶点进行创建和修改。在卷展栏的下方还显示有关选定实体的信息。
- 软选择:控制允许部分地选择显示选择连接处中的子层级,在对子层级选择进行变换时,被部分选定的子层级就会平滑地进行绘制,这种效果随着距离或部分选择的"强度"而衰减。在勾选"使用软选择"复选框后,才可以进行软选择操作。
- 编辑顶点:提供编辑顶点的工具。
- 编辑几何体:在编辑几何体子层下,选中要转变为样条的边,然后,在边子层级命令面板中创建图形。
- 顶点属性:设置顶点颜色、照明颜色和选择顶点的方式。
- 细分曲面:将细分应用于采用网格平滑格式的对象,以便可以对分辨率较低的"框架"网格进行操作,同时查看更为平滑的细分结果。该卷展栏既可以在所有子层级使用,也可以在对象层级使用。因此,会影响整个对象。

图 3-48

- 细分置换：指定用于细分可编辑多边形对象的曲面近似设置。这些控件的工作方式与 NURBS 曲面的曲面近似设置相同。对可编辑多边形对象应用置换贴图时会使用这些控件。
- 绘制变形："绘制变形"可以推、拉或者在对象曲面上拖动光标来影响顶点。在层级上，"绘制变形"可以影响选定对象中的所有顶点。在子层级上，它仅会影响选定顶点（或属于选定子层级的顶点）以及识别软选择。

（3）编辑边子层级

激活边子层级，在命令面板的下方会弹出编辑边子层级的各卷展栏，设置边子层级和顶点子层级的卷展栏是相同的，这里就不具体介绍，与编辑顶点子层级唯一不同的是增加了"编辑边"卷展栏，如图 3-49 所示，下面介绍"编辑边"卷展栏中常用选项的含义。

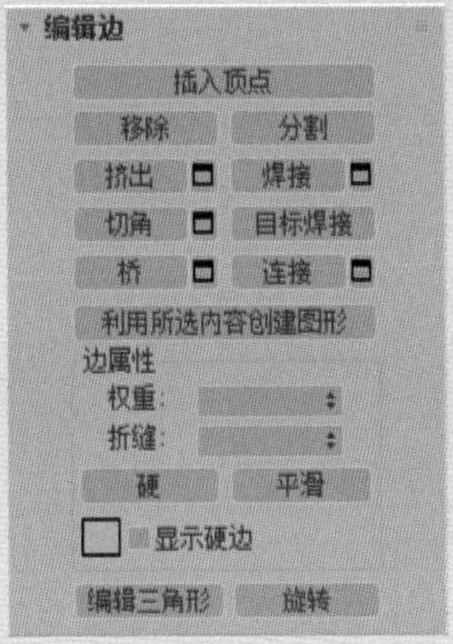

图 3-49

- 插入顶点：单击该按钮，可以在多边形的边上插入顶点。
- 移除：删除选定边并组合使用这些边的多边形。
- 挤出：挤出选择的边，并创建多边形。
- 切角：将选定的边进行切角操作，切角之后可以创建面，或者设置创建面的边数。
- 分割：将一个实体对象分割成几个单独的实体。
- 焊接：将不闭合物体边界上的两条边通过焊接命令，将其更改为闭合图形。当选择物体的两条边进行焊接操作时，如果没有焊接成功，可以更改焊接数值大小，即可完成焊接。
- 目标焊接：单击"目标焊接"按钮后，通过指定的边可以完成目标焊接。
- 连接：选择多边形的边，然后创建多个边线。

知识拓展

"移除"和 Delete 不同：Delete 是删除所选点所在的面；移除不会删除点所在的面，但可能会对物体的外形产生影响（可能导致网格形状变化并生成非平面的多边形）。

（4）编辑多边形子层级

编辑多边形子层级，主要是对多边形的面进行编辑，与顶点和边不同的是，在编辑多边形子层级的卷展栏增加了"编辑多边形""多边形：

材质 ID""多边形：平滑组""多边形：顶点颜色"卷展栏，如图 3-50
所示。

下面具体介绍各卷展栏的含义。

- "编辑多边形"卷展栏：该卷展栏包括多边形的元素和通用
  命令。
- "多边形：材质 ID"卷展栏：设置"材质 ID"数值。
- "多边形：平滑组"卷展栏：使用该卷展栏中的控件，可以向
  不同的平滑组分配选定的多边形，还可以按照平滑组选择多边
  形。要向一个或多个平滑组分配多边形，请选择所需的多边形，
  然后单击要向其分配的平滑组数。
- "多边形：顶点颜色"卷展栏：设置顶点的颜色、照明颜色和
  顶点透明度。

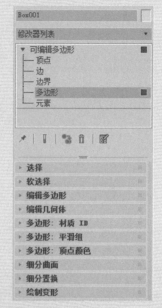

图 3-50

（5）编辑多边形子层级

"编辑多边形"卷展栏包含多边形的通用命令，利用该卷展栏中
的控件可以对多边形进行编辑操作，如图 3-51 所示。下面具体介绍该
卷展栏中各常用选项的含义。

- 插入顶点：单击该按钮后，在任意面中单击鼠标左键即可插入
  顶点。
- 挤出：选择面后设置挤出高度挤出实体。
- 轮廓：设置多边形面轮廓大小。
- 倒角：设置倒角值，创建倒角面。
- 插入：选择面并设置插入组合数量，可以插入面。
- 桥：桥就是将两个不相关的图形连接在一起，单击桥按钮，然
  后选择需要进行桥命令的面，连接完成后会出现一条横线，也
  就是桥。
- 翻转：将选择的面进行翻转选定多边形（或者元素）的法线方
  向，就是翻转的作用。
- 从边旋转：根据设置的旋转角度和指定的旋转轴，进行旋转面
  操作。
- 沿样条线挤出：将绘制的二维样条线转换为可编辑多边形，然
  后该按钮可以挤出样条线。

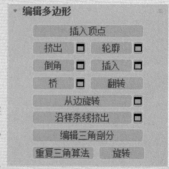

图 3-51

小试身手——创建电视柜模型

下面将结合以上所学知识创建电视柜模型，具体操作如下。

01 视口切换为顶视图，在"几何体"命令面板中单击"切
角长方体"按钮，设置长为 450mm，宽为 1820mm，高度为
48mm，圆角为 3mm，作为电视柜的桌面，如图 3-52 所示。

02 继续创建长为450mm，宽为40mm，高为330mm，圆角为3mm的切角长方体，并移动到合适位置，并将其进行实例复制，如图3-53所示。

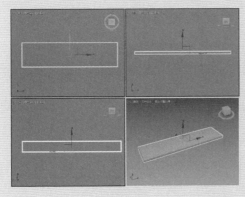

图3-52

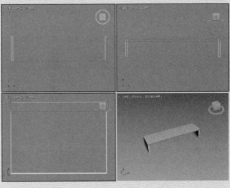

图3-53

03 在"几何体"命令面板中单击"长方体"按钮，创建长为440mm，宽为350mm，高为280mm的长方体，并将其转化为可编辑多边形，如图3-54所示。

04 在"修改"面板中展开"可编辑多边形"卷展栏，在弹出的列表中选择"多边形"选项，如图3-55所示。

图3-54

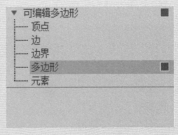

图3-55

05 在"编辑多边形"卷展栏中单击"倒角"按钮，设置倒角轮廓为-10，并选择需要倒角的面，如图3-56所示。

06 单击"确定"按钮，完成倒角设置，如图3-57所示。

07 将多边形移至合适位置，并将其进行复制操作，如图3-58所示。

08 继续创建长为440mm，宽为1120mm，高为140mm的长方体，并将其转化为可编辑多边形，如图3-59所示。

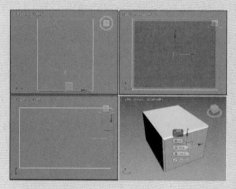

图 3-56

图 3-57

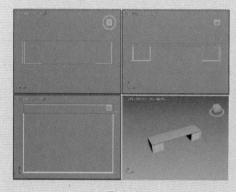

图 3-58

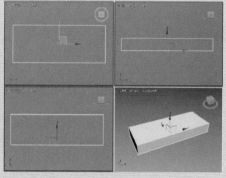

图 3-59

09 在堆栈栏中展开"可编辑多边形"卷展栏，在弹出的列表中选择"边"选项，在顶视图选择长方体的边，如图 3-60 所示。

10 在"编辑边"卷展栏中单击"连接"按钮，设置连接边分段，如图 3-61 所示。

图 3-60

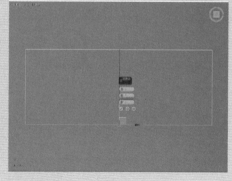

图 3-61

11 单击"确定"按钮，此时新建边，如图 3-62 所示。

12 切换为"多边形"选项，选择面，并设置倒角轮廓为 –10mm，如图 3-63 所示。

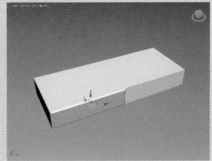

图 3-62　　　　　　　　　　　　　　　图 3-63

13 继续执行当前操作，将另一个面进行倒角，然后将设置的图形移动到合适位置，如图 3-64 所示。

14 切换为前视图，在"图形"命令面板中单击"线"按钮，绘制样条线，如图 3-65 所示。

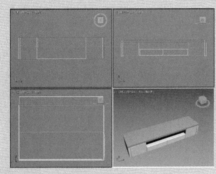

图 3-64　　　　　　　　　　　　　　　图 3-65

15 在"修改"选项卡中单击"修改器列表"列表框，在弹出的列表中选择"车削"选项，车削样条线，创建电视柜把手，如图 3-66 所示。

16 旋转门把手模型，将把手模型复制移动到合适位置，完成电视柜模型的创建，如图 3-67 所示。

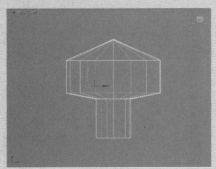

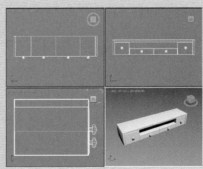

图 3-66　　　　　　　　　　　　　　　图 3-67

3.4 常用修改器类型

在三维模型的创建过程中，经常需要利用修改器对模型进行修改。本章主要介绍三维模型常用的修改器，包括"弯曲""挤出""车削""FFD""晶格"等修改器。

■ 3.4.1 "弯曲"修改器

"弯曲"修改器可以使物体进行弯曲变形，用户也可以设置弯曲角度和方向等，还可以将修改限在指定的范围内。该项修改器常被用于管道变形和人体弯曲等。

打开修改器列表框，单击"弯曲"选项，即可调用"弯曲"修改器。在调用"弯曲"修改器后，命令面板的下方将弹出修改弯曲值的"参数"卷展栏，如图 3-68 所示。

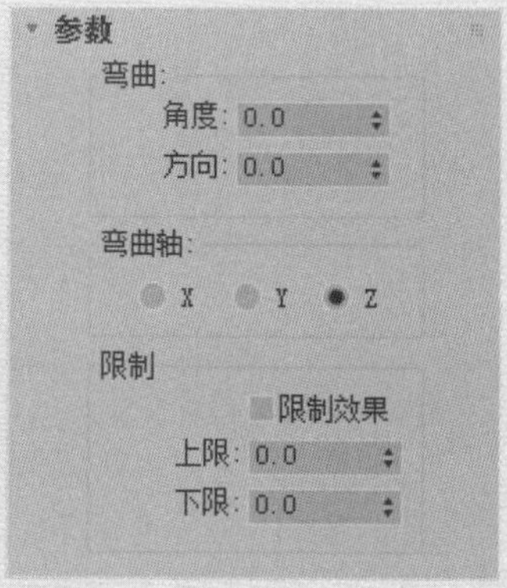

下面具体介绍"参数"卷展栏中各选项的含义。

- 弯曲：控制实体的角度和方向值。
- 弯曲轴：控制弯曲的坐标轴向。
- 限制：限制实体弯曲的范围。勾选"限制效果"复选框，将激活"限制"命令，在"上限"和"下限"微调框中设置限制范围即可完成限制效果。

图 3-68

小试身手——创建水龙头模型

下面将主要运用"弯曲"修改器来创建水龙头模型，具体操作如下。

01 单击"圆柱体"按钮，创建圆柱体，设置半径为 15mm，高为 400mm，高度分段为 12，如图 3-69 所示。

02 复制圆柱体，为圆柱体添加"弯曲"修改器，在"参数"卷展栏中设置角度为 160°，弯曲轴为 Z 轴，效果如图 3-70 所示。

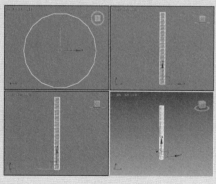

图 3-69

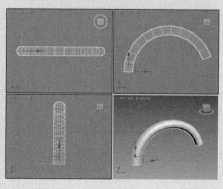

图 3-70

03 将弯曲后的圆柱体对齐放在圆柱体合适的位置，如图 3-71 所示。

04 单击"切角圆柱体"按钮，设置半径为 40mm，高度为 180mm，圆角为 5mm，创建切角圆柱体，放在圆柱体的下方，如图 3-72 所示。

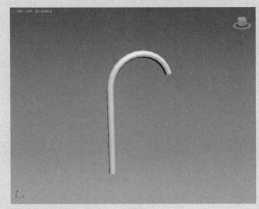

图 3-71

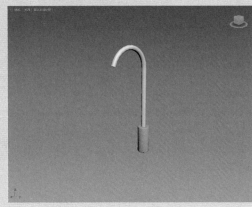

图 3-72

05 向下复制切角圆柱体，设置半径为 55mm，高度为 20mm，如图 3-73 所示。

06 单击"切角圆柱体"按钮，创建半径为 25mm，高为 90mm，圆角为 5mm 的切角圆柱体，如图 3-74 所示。

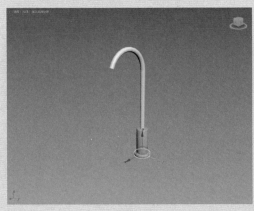

图 3-73

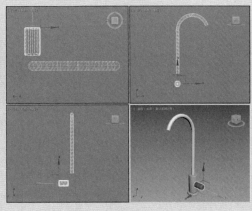

图 3-74

07 复制刚创建的切角圆柱体，并修改其颜色，如图 3-75 所示。

08 单击"圆柱体"按钮，创建半径为 7mm，高为 100mm 的圆柱体，放在合适位置，完成水龙头模型的绘制，如图 3-76 所示。

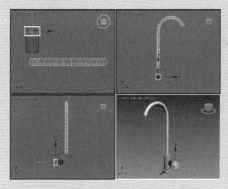
图 3-75

图 3-76

■ 3.4.2 "挤出"修改器

"挤出"修改器可以将绘制的二维样条线挤出厚度，从而产生三维实体，如果绘制的线段为封闭的，即可挤出带有地面面积的三维实体，若绘制的线段不是封闭的，那么挤出的实体则是片状的。

"挤出"修改器可以使二维样条线沿 Z 轴方向生长，"挤出"修改器的应用十分广泛，许多图形都可以先绘制线，然后再挤出图形，最后形成三维实体。在使用"挤出"修改器后，命令面板的下方将弹出"参数"卷展栏，如图 3-77 所示。

下面具体介绍"参数"卷展栏中各选项组的含义。

- 数量：设置挤出实体的厚度。
- 分段：设置挤出厚度上的分段数量。
- 封口：该选项组主要设置在挤出实体的顶面和底面上是否封盖实体，"封口始端"在顶端加面封盖物体。"封口末端"在底端加面封盖物体。
- 变形：用于变形动画的制作，保证点面数恒定不变。
- 栅格：对边界线进行重新排列处理，以最精简的点面数来获取优秀的模型。
- 输出：设置挤出的实体输出模型的类型。
- 生成贴图坐标：为挤出的三维实体生成贴图材质坐标。勾选其复选框，将激活"真实世界贴图大小"复选框。
- 真实世界贴图大小：贴图大小由绝对坐标尺寸决定，与对象相对尺寸无关。
- 生成材质 ID：自动生成材质 ID，设置顶面材质 ID 为 1，底面材质 ID 为 2，侧面材质 ID 则为 3。
- 使用图形 ID：勾选该复选框，将使用线形的材质 ID。
- 平滑：将挤出的实体平滑显示。

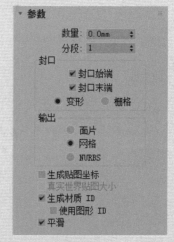
图 3-77

知识拓展

用户可以对没有封闭的线执行挤出操作，挤出的不是一个体积而是一个面。当需要一个面的材质和体积有区别的时候，通常会从体积上分出一根线，断开它，再挤出面，并单独附材质。

小试身手——创建圆桌模型

下面将主要运用"挤出"修改器创建圆桌模型，具体操作如下。

01 创建桌面模型。单击"圆柱体"按钮，创建半径为550mm，高为35mm，边数为30的圆柱体，如图3-78所示。

02 向上复制圆柱体，设置半径为450mm，如图3-79所示。

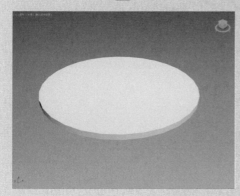

图 3-78

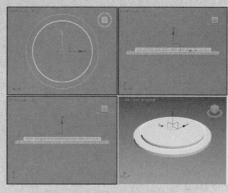

图 3-79

03 创建桌腿模型。在前视图单击"样条线"按钮，创建样条线，如图3-80所示。

04 添加"挤出"修改器，设置挤出数量为60mm，效果如图3-81所示。

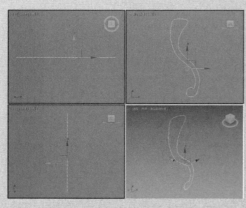

图 3-80

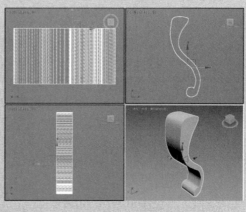

图 3-81

05 单击"样条线"按钮，创建样条线，如图3-82所示。

06 添加"挤出"修改器，设置挤出数量为30mm，效果如图3-83所示。

07 将桌腿模型移动到桌面模型的下方，并将其进行复制，完成圆桌模型的绘制，如图3-84所示。

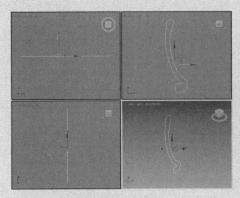

图 3-82

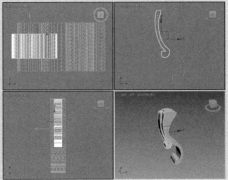

图 3-83

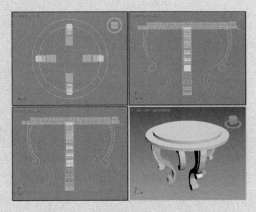

图 3-84

■ 3.4.3 "车削"修改器

"车削"修改器可以将绘制的二维样条线旋转一周，生成旋转体，用户也可以设置旋转角度，更改实体旋转效果。

"车削"修改器通过旋转绘制的二维样条线创建三维实体，该修改器用于创建中心放射物体，在使用"车削"修改器后，命令面板的下方将显示"参数"卷展栏，如图 3-85 所示。

下面具体介绍"参数"卷展栏中各选项的含义。

- 度数：设置车削实体的旋转度数。
- 焊接内核：将中心轴向上重合的点进行焊接精减，以得到结构相对简单的模型。
- 翻转法线：将模型表面的法线方向反向。
- 分段：设置车削线段后，旋转出的实体上的分段，值越高，实体表面越光滑。
- 封口：该选项组主要设置在挤出实体的顶面和底面上是否是封盖实体。

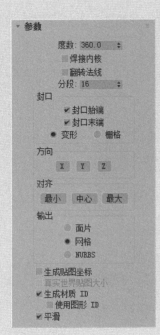

图 3-85

- 方向：该选项组设置实体进行车削旋转的坐标轴。
- 对齐：此区域用来控制曲线旋转式的对齐方式。
- 输出：设置挤出的实体输出模型的类型。
- 生成材质 ID：自动生成材质 ID，设置顶面材质 ID 为 1，底面材质 ID 为 2，侧面材质 ID 则为 3。
- 使用图形 ID：勾选该复选框，将使用线形的材质 ID。
- 平滑：将挤出的实体平滑显示。

小试身手——创建花瓶模型

下面将主要运用"车削"修改器创建花瓶模型，具体操作介绍如下。

01 在前视图单击"样条线"按钮，创建样条线，如图 3-86 所示。

02 将其转换为可编辑样条线，进入"样条线"子层级，在"几何体"卷展栏中设置轮廓值为 20mm，如图 3-87 所示。

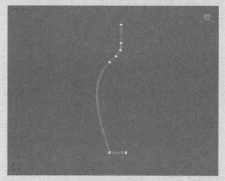

图 3-86   图 3-87

03 为其添加"车削"修改器，在"参数"卷展栏中依次单击"方向"选项组的"X""Y""Z"按钮和"对齐"选项组的"最大"按钮，如图 3-88 所示。

04 添加"车削"修改器后的效果如图 3-89 所示。

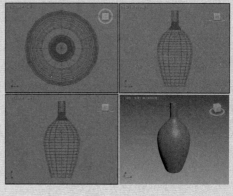

图 3-88   图 3-89

■ 3.4.4 "FFD"修改器

"FFD"修改器是对网格对象进行变形修改的最主要的修改器之一，其特点是通过控制点的移动带动网格对象表面产生平滑一致的变形。在使用"FFD"修改器后，命令面板的下方将显示"参数"卷展栏，如图3-90所示。

下面具体介绍"参数"卷展栏中各选项的含义。

- 晶格：只显示控制点形成的矩阵。
- 源体积：显示初始矩阵。
- 仅在体内：只影响处在最小单元格内的面。
- 所有顶点：影响对象的全部节点。
- 重置：回到初始状态。
- 与图形一致：转换为图形。
- 外部点／内部点：仅控制受"与图形一致"影响的对象内部点或外部点。
- 偏移：设置偏移量。

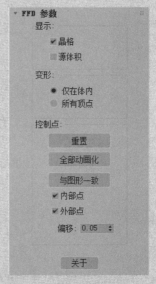

图 3-90

小试身手——创建石凳组合模型

下面将主要运用"FFD"修改器创建石凳组合模型，具体操作如下。

01 创建石桌模型。单击"圆柱体"按钮，创建半径为100mm，高度为450mm的圆柱体模型，如图3-91所示。

02 向上复制圆柱体，设置半径为500mm，高为100mm，如图3-92所示。

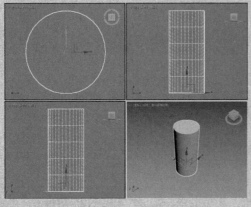

图 3-91

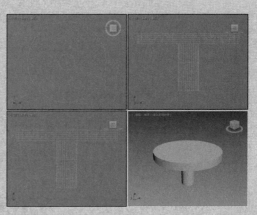

图 3-92

03 创建石凳模型。单击"圆柱体"按钮，创建半径为100mm，高度为450mm的圆柱体模型，如图3-93所示。

04 为刚绘制的圆柱体添加"FFD 3×3×3"修改器，进入"控制点"子层级，并选择上方的9个控制点，如图3-94所示。

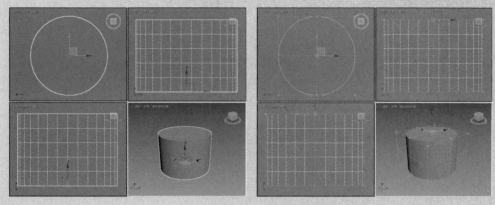

图 3-93   图 3-94

05 执行"缩放"命令，将顶面进行缩小，对模型进行调整，如图 3-95 所示。

06 按照相同的方法，调整模型，如图 3-96 所示。

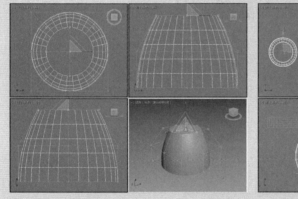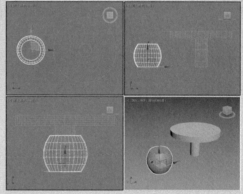

图 3-95   图 3-96

07 复制石凳模型，完成该模型的创建，如图 3-97 所示。

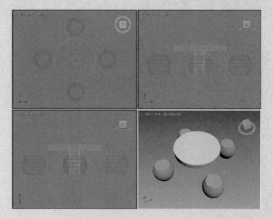

图 3-97

■ 3.4.5 "晶格"修改器

"晶格"修改器可以将创建的实体进行晶格处理，快速编辑的创建框架结构，在使用"晶格"修改器之后，命令面板的下方将弹出"参数"卷展栏，如图 3-98 所示。

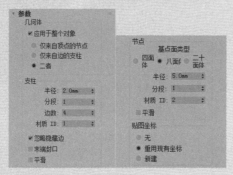

图 3-98

下面具体介绍"参数"卷展栏中各常用选项的含义。

- 应用于整个对象：单击该复选项，然后选择晶格显示的物体类型，在该复选框下包含"仅来自顶点""仅来自边的支柱"和"二者"三个单选按钮组成，它们分别表示晶格显示是以顶点、支柱以及顶点和支柱显示。
- 半径：设置物体框架的半径大小。
- 分段：设置框架结构上物体的分段数值。
- 边数：设置框架结构上物体的边。
- 材质 ID：设置框架的材质 ID 号，通过它的设置可以实现物体不同位置赋予不同的材质。
- 平滑：使晶格实体后的框架平滑显示。
- 基点面类型：设置基点面的类型。其中包括四面体、八面体和二十面体。
- 半径：设计节点的半径大小。

小试身手——创建笔筒模型

下面将主要运用"FFD"修改器创建笔筒模型，具体操作如下。

01 单击"圆柱体"按钮，创建半径为 50mm，高为 150mm 的圆柱体，如图 3-99 所示。

02 向上复制圆柱体，设置高度为 100mm，如图 3-100 所示。

03 为复制后的圆柱体添加"晶格"修改器，在"参数"卷展栏中勾选"仅来自边的支柱"复选框，设置半径为 1.5mm，边数为 18，如图 3-101 所示。

04 添加修改器后,完成笔筒模型的创建,效果如图 3-102 所示。

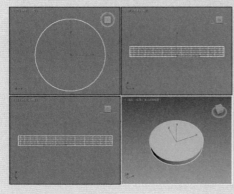

图 3-99

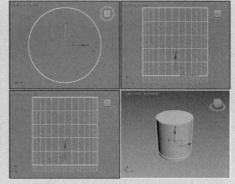

图 3-100

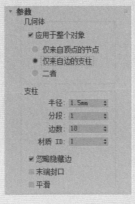

图 3-101

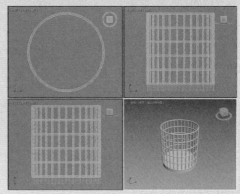

图 3-102

3.5 课堂练习——创建台历模型

通过本章的学习,读者对 UNRBS 建模和可编辑对象等知识有了一定的认识。为了使读者更好地掌握本章所学知识,接下来将创建台历模型,具体创建步骤介绍如下。

01 创建主体模型。单击"线"按钮,在左视图绘制样条线,如图 3-103 所示。

02 转换为可编辑样条线,进入样条线层级,并全选样条线,如图 3-104 所示。

03 在"几何体"卷展栏中设置轮廓值为 2mm,效果如图 3-105 所示。

04 添加"挤出"修改器,设置挤出数量为 180mm,如图 3-106 所示。

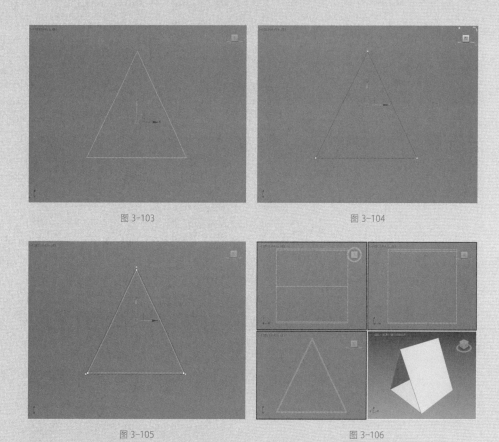

图 3-103　　　　　　　　　　　　　　　图 3-104

图 3-105　　　　　　　　　　　　　　　图 3-106

05 创建纸张模型。在左视图单击"线"按钮，创建样条线，
如图 3-107 所示。

06 进入修改器，设置样条线轮廓值为 0.5mm，并添加"挤出"
修改器，设置挤出数量为 160mm，效果如图 3-108 所示。

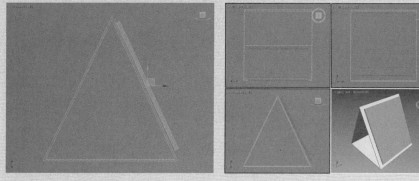

图 3-107　　　　　　　　　　　　　　　图 3-108

07 创建圆扣模型。在左视图单击"圆"按钮，创建半径为15mm，如图 3-109 所示。

08 进入"修改"命令面板，在"渲染"卷展栏中勾选"在渲染中启用"和"在视口中启用"复选框，并设置径向厚度为0.5mm，如图 3-110 所示。

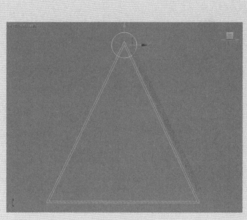

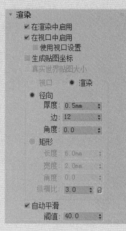

图 3-109   图 3-110

09 设置后的效果如图 3-111 所示。

10 复制创建好的圆扣模型，创建好的台历模型，效果如图 3-112 所示。

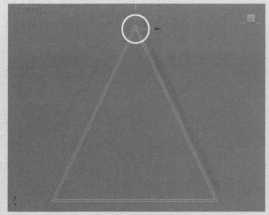

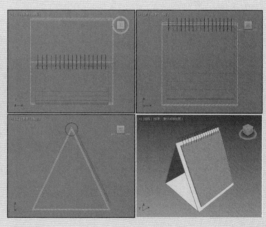

图 3-111   图 3-112

强化训练

通过本章的学习，读者对样条线、标准基本体、扩展基本体等知识有了一定的认识。为了使读者更好地掌握本章所学知识，在此列举两个针对本章知识的习题，以供读者练手。

1. 创建桌椅组合模型

下面利用"可编辑多边形""FFD"等命令，创建桌椅组合模型，如图 3-113、图 3-114 所示。

图 3-113

操作提示：

01 使用长方体命令创建桌椅组合，并将长方体更改为可编辑多边形，调整节点更改桌腿形状。

02 添加"FFD 4×4×4"修改器调整椅子的靠背和椅腿形状，完成该模型的绘制，如图 3-113 所示。

03 为模型赋予材质并进行渲染，效果如图 3-114 所示。

2. 创建吧椅模型

下面利用样条线和常用修改器命令创建吧椅模型，效果如图 3-115、图 3-116 所示。

图 3-114

操作提示：

01 使用"线"命令在前视图绘制吧椅曲线。调整样条线之后，将其挤出厚度，然后添加壳。

02 使用圆柱体、长方体等标准基本体绘制底座和支柱。进行布尔运算将座椅布尔出洞口，完成该模型的绘制，如图 3-115 所示。

03 为模型赋予材质并进行渲染，效果如图 3-116 所示。

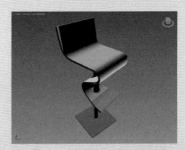

图 3-115

图 3-116

第 4 章

材质与贴图技术

本章概述 SUMMARY

材质是描述对象如何反射或透射灯光的属性，并模拟真实纹理，通过设置材质可以将三维模型的质地、颜色等效果与现实生活的物体质感相对应，达到逼真的效果。本章将对材质编辑器、设置材质贴图等内容进行介绍。

■ 学习目标

通过对本章内容的学习能够让读者学会使用编辑器、熟悉材质的制作流程，充分认识材质与贴图的联系以及重要性。

■ 要点难点

- ✓ 材质编辑器　　　　　　✓ 标准材质
- ✓ 多维／子材质　　　　　✓ 贴图类型

◎平铺贴图效果

◎创建生锈材质效果

4.1 材质基础知识

材质用于描述对象与光线的相互作用，在材质中，通常使用各种贴图来模拟纹理、反射、折射和其他特殊效果。本节将具体介绍有关材质的相关知识以及材质在实际操作中的运用、管理等。

■ 4.1.1 设计材质

在 3ds max 2018 中，材质的具体特性都可以进行手动控制，如漫反射、高光、不透明度、反射 / 折射以及自发光等，并允许用户使用预置的程序贴图或外部的位图贴图来模拟材质表面纹理或制作特殊效果。

（1）材质的基本知识

材质用于描述对象如何反射或透射灯光，其属性也与灯光属性相辅相成，最主要的属性为漫反射颜色、高光颜色、不透明度和反射 / 折射。

（2）材质编辑器

材质的设计制作是通过"材质编辑器"来完成的，在材质编辑器中，用户可以为对象选择不同的着色类型和不同的材质组件，还能使用贴图来增强材质，并通过灯光和环境使材质产生更逼真自然的效果。

"材质编辑器"提供创建和编辑材质、贴图的所有功能，通过材质编辑器可以将材质应用到 3ds max 的场景对象。

（3）材质的着色类型

材质的着色类型是指对象曲面响应灯光的方式，只有特定的材质类型才可以选择不同的着色类型。

（4）材质类型组件

每种材质都属于一种类型，默认类型为"标准"，其他的材质类型都有特殊的用途。

（5）贴图

使用贴图可以将图像、图案、颜色调整等其他特殊效果应用到材质的漫反射或高光等任意位置。

（6）灯光对材质的影响

灯光和材质组合在一起使用，才能使对象表面产生真实的效果，灯光对材质的影响因素主要包括灯光强度、入射角度和距离。

（7）环境颜色

在制作材质时，只有当选择的颜色和其他属性看起来如同真实世界中的对象时，材质才能给场景增加更大的真实感，特别是在不同的灯光环境下。

■ 4.1.2 材质编辑器

材质编辑器是一个独立的窗口，通过材质编辑器可以将材质赋予 3ds max 的场景对象。材质编辑器可以通过单击主工具栏中的按钮或"渲染"菜单中的命令打开，如图 4-1 所示为材质编辑器。

（1）示例窗

使用示例窗可以预览材质和贴图，每个窗口可以预览单个材质或贴图。将材质从示例窗拖动到视口中的对象，可以将材质赋予场景对象。

示例窗中样本材质的状态主要有 3 种，其中，实心三角形表示已应用于场景对象且该对象被选中，空心三角形则表示应用于场景对象但对象未被选中，无三角形表示未被应用的材质，如图 4-2 所示。

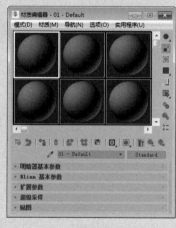

图 4-1

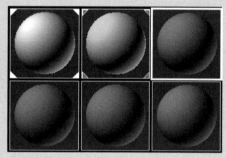

图 4-2

（2）工具

位于"材质编辑器"示例窗右侧和下方的是用于管理和更改贴图及材质的按钮和其他控件。其中，位于右侧的工具栏主要用于对示例窗中的样本材质球进行控制，如显示背景或检查颜色等。位于下方的工具主要用于材质与场景对象的交互操作，如将材质指定给对象、显示贴图应用等。

（3）参数卷展栏

在示例窗的下方是材质参数卷展栏，不同的材质类型具有不同的参数卷展栏，如图 4-3 所示。在各种贴图层级中，也会出现相应的卷展栏，这些卷展栏可以调整顺序。

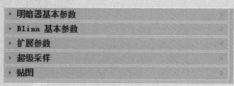

图 4-3

■ 4.1.3 材质的管理

材质的管理主要通过"材质/贴图浏览器"示例窗实现，可进行制作副本、存入库、按类别浏览等操作，如图 4-4 所示为"材质/贴图浏览器"示例窗。

图 4-4

下面将对各选项的含义进行介绍。

- 文本框：在文本框中可输入文本，便于快速查找材质或贴图。
- 示例窗：选择一个材质类型或贴图时，示例窗中显示该材质或贴图的原始效果。
- 浏览自：该选项组提供的选项用于选择材质/贴图列表中显示的材质来源。
- 显示：可以过滤列表中的显示内容，如不显示材质或不显示贴图。
- 工具栏：第一部分按钮用于控制查看列表的方式，第二部分按钮用于控制材质库。
- 列表：在列表中将显示 3ds max 预置的场景或库中的所有材质或贴图，并允许显示材质层级关系。

> **知识拓展**
>
> "材质/贴图浏览器"的示例窗无法显示"光线跟踪"或"位图"等需要环境或外部文件才有效果的材质或贴图。

4.2 材质类型

3ds max 2018 中提供了 11 种材质类型，每一种材质都具有相应的功能，如默认的"标准"材质可以表现大多数真实世界中的材质，如表现金属和玻璃的"光线跟踪"材质等，本节将对材质类型的相关知识进行详细介绍。

■ 4.2.1 "标准"材质

"标准"材质是最常用的材质类型，可以模拟表面单一的颜色，为表面建模提供非常直观的方式。使用"标准"材质时可以选择各种明暗器，为各种反射表面设置颜色以及使用贴图通道等，这些设置都可以在卷展栏中进行，如图 4-5 所示。

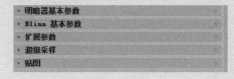

图 4-5

（1）明暗器

明暗器，主要用于标准材质，可以选择不同的着色类型，以影响材质的显示方式，在"明暗器基本参数"卷展栏中可以进行相关设置，下面将对各选项的含义进行介绍。

- 各向异性：可以产生带有非圆、具有方向的高光曲面，适用于制作头发、玻璃或金属等材质。
- Blinn：与 Phong 明暗器具有相同的功能，但它在数学上更精确，是标准材质的默认明暗器。
- 金属：有光泽的金属效果。
- 多层：通过层级两个各向异性高光，创建比各向异性更复杂的高光效果。
- Phong：与 Blinn 类似，能产生带有发光效果的平滑曲面，但不处理高光。
- 半透明：类似于 Blinn 明暗器，还可以用于指定半透明度，光线将在穿过材质时散射，可以使用半透明来模拟被霜覆盖的和被侵蚀的玻璃。

（2）颜色

在真实世界中，对象的表面通常反射许多颜色，标准材质也使用 4 色模型来模拟这种现象，主要包括环境光颜色、漫反射、高光颜色和过滤颜色。下面将对各选项的含义进行介绍。

- 环境光颜色：环境光颜色是对象在阴影中的颜色。
- 漫反射：漫反射是对象在直接光照条件下的颜色。
- 高光颜色：高光颜色是发亮部分的颜色。
- 过滤颜色：过滤颜色是光线透过对象所透射的颜色。

（3）扩展参数

在"扩展参数"卷展栏中提供了透明度和反射相关的参数，通过该卷展栏可以制作更具有真实效果的透明材质，如图 4-6 所示，下面将对各选项的含义进行介绍。

- 高级透明：该选项组中提供的控件影响透明材质的不透明度衰减等效果。
- 反射暗淡：该选项组提供的参数可使阴影中的反射贴图显得暗淡。
- 线框：该选项组中的参数用于控制线框的单位和大小。

图 4-6

（4）贴图通道

在"贴图"卷展栏中，可以访问材质的各个组件，部分组件还能使用贴图代替原有的颜色，如图 4-7 所示。

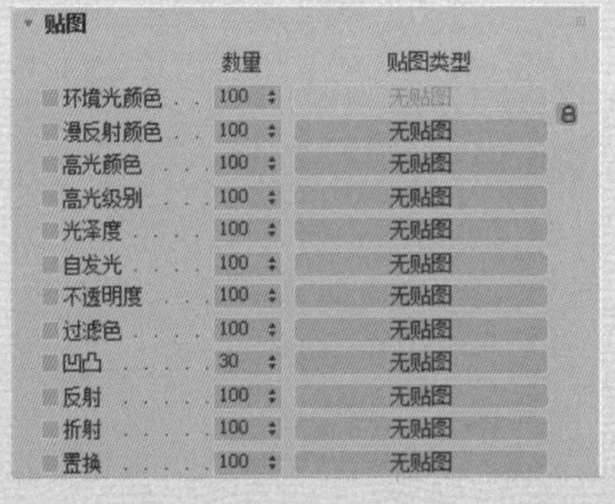

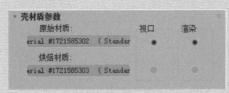

图 4-7

> **知识拓展**
>
> 更改材质的着色类型时，会丢失新明暗器不支持的任何参数设置（包括制定材质）。如果要使用相同的常规参数对材质的不同明暗器进行试验，则需要在更改材质的着色类型之前将其复制到不同的材质球。采用这种方式时，如果新明暗器不能提供所需的效果，则仍然可以使用原始材质。

（5）其他

"标准"材质还可以通过高光控件组控制表面接受高光的强度和范围，也可以通过其他选项组制作特殊的效果，如线框等。

4.2.2 "壳"材质

"壳"材质经常用于纹理烘焙，其参数卷展栏如图 4-8 所示。下面将对各选项的含义进行介绍。

图 4-8

- 原始材质：显示原始材质的名称。单击该按钮可查看材质并调整设置。
- 烘焙材质：显示烘焙材质的名称。
- 视口：使用该选项可以选择在明暗处理视口中出现的材质。
- 渲染：使用该选项可以选择在渲染中出现的材质。

■ 4.2.3 "多维 / 子对象"材质

"多维 / 子对象"材质是将多个材质组合到一个材质中，将物体设置不同的 ID 材质后，使材质根据对应的 ID 号赋予到指定物体区域上。该材质常被用于包含许多贴图的复杂物体上，如图 4-9 所示为多维 / 子材质效果。在使用多维 / 子对象后，参数卷展栏如图 4-10 所示。

图 4-9   图 4-10

下面将对各选项的含义进行介绍。

- 设置数量：用于设置子材质的参数，单击该按钮，即可打开"设置材质数量"对话框，在其中可以设置材质数量。
- 添加：单击该按钮，在子材质下方将默认添加一个标准材质。
- 删除：删除子材质。单击该按钮，将从下向上逐一删除子材质。

小试身手——为装饰画创建材质

下面将结合以上所学知识，为装饰画创建材质，具体操作如下。

01 打开素材文件，如图 4-11 所示。

02 设置画框材质。按 M 快捷键，打开材质编辑器对话框，如图 4-12 所示。

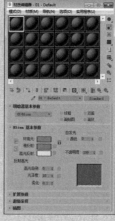

图 4-11   图 4-12

03 在"Blinn 基本参数"卷展栏中单击"漫反射"通道按钮，如图 4-13 所示。

04 在打开的"材质 / 贴图浏览器"对话框中，选择"位图"选项，如图 4-14 所示。

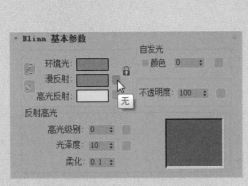

图 4-13

图 4-14

05 在打开的"选择位图图像文件"对话框中选择画框材质贴图，如图 4-15 所示。

06 单击"打开"按钮，返回材质编辑器对话框，在"Blinn 基本参数"卷展栏中设置"高光级别""光泽度""柔化"，如图 4-16 所示。

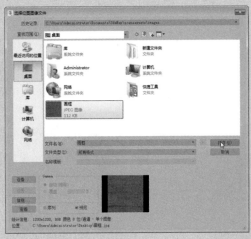

图 4-15

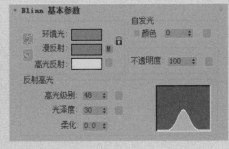

图 4-16

07 创建好的画框材质球效果如图 4-17 所示。

08 创建装饰画材质。选择一个未使用的材质球，为漫反射通道添加位图贴图，如图 4-18 所示。

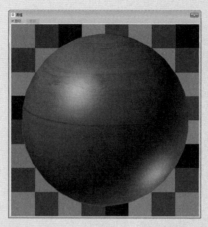

图 4-17   图 4-18

09 创建好的装饰画材质球效果如图 4-19 所示。

10 将创建好的材质赋予模型进行渲染，效果如图 4-20 所示。

图 4-19   图 4-20

4.3　贴图

可编辑对象包括"可编辑样条线""可编辑多边形""可编辑网格"，这些可编辑对象都包含于修改器之中。这些命令在建模中是必不可少的，用户必须熟练掌握，下面将对其进行介绍。

■ 4.3.1　2D 贴图

2D 贴图是二维图像，一般将其粘贴在几何体对象的表面，或者和环境贴图一样用于创建场景的背景。3ds max 提供的 2D 贴图主要包括"位图""棋盘格""渐变"等多种类型，下面将对常见类型进行介绍。

（1）位图

"位图"贴图就是将位图图像文件作为贴图使用，它可以支持各种类型的图像和动画格式，包括 AVI、BMP、CIN、JPG、TIF、TGA 等。位图贴图的使用范围广泛，通常用在漫反射贴图通道、凹凸贴图通道、反射贴图通道、折射贴图通道中。如图 4-21 所示为位图贴图的材质效果，如图 4-22 所示为"位图参数"卷展栏。

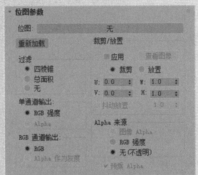

图 4-21　　　　　　　　　　　　　　图 4-22

下面将对各选项的含义进行介绍。

- 过滤：过滤选项组用于选择抗锯齿位图中平均使用的像素方法。
- 裁剪 / 放置：该选项组中的控件可以裁剪位图或减小其尺寸，用于自定义放置。
- 单通道输出：该选项组中的控件用于根据输入的位图确定输出单色通道的源。
- Alpha 来源：该选项组中的控件根据输入的位图确定输出 Alpha 通道的来源。

（2）棋盘格

"棋盘格"贴图可以产生类似棋盘的、由两种颜色组成的方格图案，并允许贴图替换颜色，如图 4-23 所示为棋盘格效果，如图 4-24 所示为"棋盘格参数"卷展栏。

图 4-23　　　　　　　　　　　　　　图 4-24

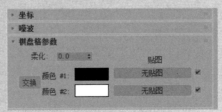

> **知识拓展**
>
> 位图：用于选择位图贴图，通过标准文件浏览器选择位图，选中之后，该按钮上会显示所选位图的路径名称。重新加载：对使用相同名称和路径的位图文件进行重新加载。在绘图程序中更新位图后无须使用文件浏览器重新加载该位图。

下面将对各选项的含义进行介绍。

- 柔化：模糊方格之间的边缘，很小的柔化值就能生成很明显的模糊效果。
- 交换：单击该按钮可交换方格的颜色。
- 颜色：用于设置方格的颜色，允许使用贴图代替颜色。

（3）渐变

通过将一个色样托顶到另一个色样上可以交换颜色，单击"复制或交换颜色"对话框中的"交换"按钮完成操作。若需要反转渐变的总体方向，则可交换第一种和第三种颜色。

"渐变"贴图是指从一种颜色到另一种颜色进行着色，可以创建3种颜色的线性或径向渐变效果，如图 4-25 所示为渐变贴图效果，其参数卷展栏如图 4-26 所示。

图 4-25

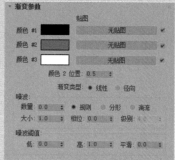

图 4-26

（4）旋涡

"旋涡"贴图可以创建两种颜色或贴图的旋涡图案，其参数卷展栏如图 4-27 所示。旋涡贴图生成的图案类似于两种冰激凌的外观。如同其他双色贴图一样，任何一种颜色都可用其他贴图替换，因此大理石与木材也可以生成旋涡。

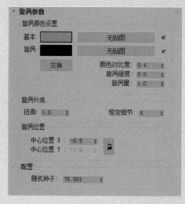

图 4-27

（5）平铺

"平铺"贴图是专门用来制作砖块效果的，常用在漫反射通道中，有时也可以用在凹凸贴图通道中。如图 4-28 所示为平铺贴图效果。

在"标准控制"卷展栏中有的预设类型列表中列出了一些已定义的建筑砖图案，用户也可以自定义图案，设置砖块的颜色、尺寸以及砖缝的颜色、尺寸等，其参数卷展栏如图 4-29 所示。

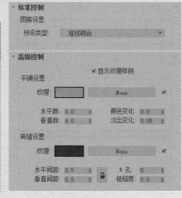

图 4-28　　　　　　　　　　　图 4-29

■ 4.3.2　3D 贴图

3D 贴图是根据程序以三维方式生成的图案，三维贴图具有连续性的特点，并且不会产生接缝效果。在 3ds max 中有细胞、衰减、噪波等十多种 3D 贴图类型。此外，3ds max 还支持安装插件提供更多的贴图。

（1）细胞

"细胞"贴图可生成用于各种视觉效果的细胞图案，包括马赛克瓷砖、鹅卵石表面甚至海洋表面。需要说明的是，在"材质编辑器"示例窗中不能很清楚地展现细胞效果，将贴图指定给几何体并渲染场景会得到想要的效果。其参数卷展栏如图 4-30 所示。下面将对各选项的含义进行介绍。

图 4-30

- 细胞颜色：其参数用来设置细胞的颜色。其中，单击色块可以为细胞选择一种颜色；利用"变化"选项则可以通过随机改变 RGB 值来更改细胞的颜色。
- 分界颜色：设置细胞间的分界颜色。
- 细胞特性：其参数用来设置细胞的一些特性属性。
- 阈值：其参数用来控制细胞和分界的相对大小。其中，"低"表示调整细胞的大小，默认值为 0.0；"中"表示相对于第二分界颜色，调整最初分界颜色的大小；"高"表示调整分界的总体大小。

（2）衰减

　　"衰减"贴图可以模拟对象表面由深到浅或者由浅到深的过渡效果，如图 4-31 所示。在创建不透明的衰减效果时，衰减贴图提供了更大的灵活性，其参数卷展栏如图 4-32 所示。

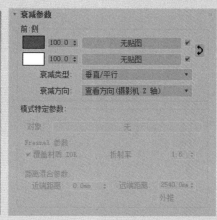

图 4-31　　　　　　　　　　　　　　　　　图 4-32

　　下面将对常用选项的含义进行介绍。

- 前:侧：用来设置衰减贴图的前和侧通道参数。
- 衰减类型：设置衰减的方式，共有垂直 / 平行、朝向 / 背离、Fresnel、阴影 / 灯光、距离混合 5 个选项。
- 衰减方向：设置衰减的方向。

（3）噪波

　　"噪波"贴图一般在凹凸通道中使用，用户可以通过设置"噪波参数"卷展栏来制作出紊乱不平的表面，如图 4-33 所示。"噪波"贴图基于两种颜色或材质的交互创建曲面的随机扰动，是三维形式的湍流图案，其参数卷展栏如图 4-34 所示。

图 4-33

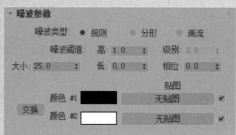

图 4-34

下面将对各选项的含义进行介绍。

- 噪波类型：共有三种类型，分别是"规则""分形"和"湍流"。
- 大小：以 3ds max 单位设置噪波函数的比例。
- 噪波阈值：控制噪波的效果。
- 交换：切换两个颜色或贴图的位置。
- 颜色 #1/ 颜色 #2：从这两个噪波颜色中选择，通过所选的两种颜色来生成中间颜色值。

（4）泼溅

"泼溅"贴图可生成类似于泼墨画的分形图案，对于漫反射贴图创建类似泼溅的图案效果，其参数卷展栏如图 4-35 所示。下面将对各选项的含义进行介绍。

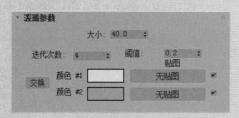

图 4-35

- 大小：调整泼溅的大小。
- 迭代次数：计算分形函数的次数。数值越大，次数越多，泼溅越详细，计算时间也会越长。
- 阈值：设置与颜色 #2 混合的颜色 #1 的位置。
- 颜色 #1 和颜色 #2：表示背景和泼溅的颜色。
- 贴图：为颜色 #1 和颜色 #2 添加位图或程序贴图以覆盖颜色。

（5）烟雾

"烟雾"贴图是生成无序、基于分形的湍流图案，其主要用于设置动画的不透明贴图，以模拟一束光线中的烟雾效果或其他云状流动贴图效果，其参数卷展栏如图4-36所示。下面将对各选项的含义进行介绍。

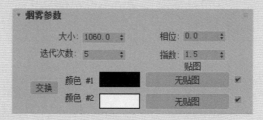

图 4-36

- 大小：更改烟雾团的比例。
- 迭代次数：用于控制烟雾的质量，参数越高，烟雾效果就越精细。
- 相位：转移烟雾图案中的湍流。
- 指数：使代表烟雾的颜色 #2 更加清晰、更加缭绕。
- 颜色 #1 和颜色 #2：表示效果的无烟雾和烟雾部分。

■ 4.3.3　其他贴图

其他类型贴图包括常用的多种反射、折射类贴图和每像素摄影机贴图、法线凹凸等程序贴图。

（1）平面镜

"平面镜"贴图可应用于共面集合时生成反射环境对象的材质，通常应用于材质的反射贴图通道。

（2）光线跟踪

"光线跟踪"贴图可以提供全部光线跟踪反射和折射效果，光线跟踪对渲染 3ds max 场景进行优化，并且通过将特定对象或效果排除于光线跟踪之外可以进一步优化场景。

（3）反射 / 折射

"反射 / 折射"贴图可生成反射或折射表面。要创建反射效果，将该贴图指定到反射通道。要创建折射效果，将该贴图指定到折射通道。

（4）薄壁折射

"薄壁折射"贴图可模拟缓进或偏移效果，得到如同透过玻璃看到的图像。该贴图的速度更快，占用内存更少，并且提供的视觉效果要优于"反射 / 折射"贴图。

（5）每像素摄影机

"每像素摄影机"贴图可以从特定的摄影机方向投射贴图，通常使用图像编辑应用程序调整渲染效果，然后将这个调整过的图像用作投射回 3D 几何体的虚拟对象。

（6）法线凹凸

"法线凹凸"贴图可以指定给材质的凹凸组件、位移组件或两者，使用位移的贴图可以更正看上去平滑失真的边缘，并会增加几何体的面。

4.4 课堂练习——为生锈的螺钉创建材质

本节将为螺钉模型创建生锈的材质，在制作过程中需要调整"漫反射""凹凸""反射高光"等参数，让锈迹更加真实、生动，下面将介绍具体操作方法。

01 打开素材文件，如图 4-37 所示。

02 按 M 快捷键，打开材质编辑器对话框，选择一个未使用的材质球，在"Blinn 基本参数"卷展栏中为漫反射通道添加位图贴图，并设置高光级别与光泽度值，如图 4-38 所示。

图 4-37

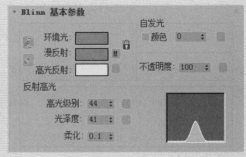

图 4-38

03 为漫反射通道添加位图贴图，如图 4-39 所示。

04 在"贴图"卷展栏中为凹凸通道添加位图贴图，并设置凹凸值，如图 4-40 所示。

05 为凹凸通道所添加的位图贴图，如图 4-41 所示。

06 创建好的生锈茶壶材质球效果如图 4-42 所示。

07 将创建好的材质球赋予模型进行渲染，效果如图 4-43 所示。

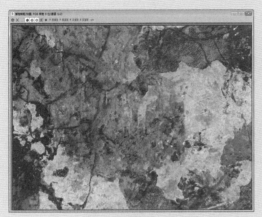

图 4-39

图 4-40

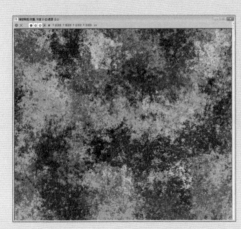

图 4-41

图 4-42

图 4-43

强化训练

通过本章的学习，读者对材质的基本知识、材质与贴图类型等知识有了一定的认识。为了使读者更好地掌握本章所学知识，在此列举两个针对本章知识的习题，以供读者练手。

1. 为书籍模型创建材质

下面利用"多维／子对象"材质，为书籍模型创建材质，如图 4-44、图 4-45 所示。

图 4-44

图 4-45

操作提示：

01 打开材质编辑器对话框，设置材质类型为多维/子对象材质。

02 在"多维／子对象基本参数"卷展栏中为子材质通道添加位图贴图，如图 4-44 所示。

03 将创建好的材质赋予模型进行渲染，效果如图 4-45 所示。

2. 为地毯模型创建材质

下面利用位图贴图为地毯模型创建材质，效果如图 4-46、图 4-47所示。

图 4-46

操作提示：

01 在"贴图"卷展栏中为漫反射、凹凸、置换通道添加位图贴图，并设置凹凸值为 50。

02 将创建好的材质赋予模型，如图 4-46 所示。

03 渲染模型，效果如图 4-47 所示。

图 4-47

第 5 章

灯光技术

本章概述 SUMMARY

　　在室内设计中，灯光起到了画龙点睛的效果。只创建模型和材质，往往达不到真实的效果，利用灯光可以体现空间的层次，设计的风格和材质的质感。最终达到一个真实而生动的效果。

■ 学习目标

　　通过对本章内容的学习能够让读者对灯光知识有个全面的了解，创建出更真实的场景灯光。

■ 要点难点

√ 灯光种类	√ 灯光的强度、颜色／衰减
√ 阴影参数	√ 阴影贴图

◎目标聚光灯效果

◎目标平行光效果

5.1 灯光种类

灯光可以模拟现实生活中的光线效果。在 3ds max 中提供了标准和光度学两种灯光类型，每个灯光的使用方法不同，模拟光源的效果也不同。

■ 5.1.1 标准灯光

标准灯光是 3ds max 软件自带的灯光，它包括目标聚光灯、自由聚光灯、目标平行光、自由平行光、泛光、天光 6 种材质，下面具体介绍常用灯光的应用范围。

（1）聚光灯

聚光灯包括目标聚光灯和自由聚光灯两种，它们的共同点都是带有光束的光源，但目标聚光灯有目标对象，而自由聚光灯没有目标对象。如图 5-1 所示为灯光光束效果。目标聚光灯和自由聚光灯的照明效果相似，都是形成光束照射在物体上，只是使用方式上不同。如图 5-2 所示为目标聚光灯照明效果。

图 5-1   图 5-2

> **知识拓展**
>
> 目标聚光灯会根据指定的目标点和光源点创建灯光，在创建灯光后会产生光束，照射物体并产生阴影效果，当有物体遮挡住光束时，光束将被折断。
>
> 自由聚光灯没有目标点，选择该按钮后，在任意视图单击鼠标左键即可创建灯光，该灯光常在制作动画时使用。

（2）平行光

平行光包括目标平行光和自由平行光两种，平行光的光束分为圆柱体和方形光束。它的发光点和照射点大小相同，该灯光主要用于模拟太阳光的照射、激光光束等。自由平行光和目标平行光的用处相同，常在制作动画时使用。如图 5-3 所示为目标平行光效果。

（3）泛光灯

泛光灯可以照亮整个场景，是常用的灯光，在场景中创建多个泛光灯，调整色调和位置，使场景具有明暗层次。如图 5-4 所示为泛光灯照射效果。

图 5-3

图 5-4

■ 5.1.2　光度学灯光

光度学灯光和标准灯光的创建方法基本相同，在"参数"卷展栏中可以设置灯光的类型，并导入外部灯光文件模拟真实灯光效果，光度学灯光包括目标灯光、自由灯光和太阳定位器 3 种灯光效果，下面具体介绍各灯光的应用。

（1）目标灯光

3ds max 2018 将光度学灯光进行整合，将所有的目标光度学灯光合为一个对象，可以在该对象的卷展栏中选择不同的模板和类型，如图 5-5 所示为所有类型的目标灯光，如图 5-6 所示为目标灯光照射效果。

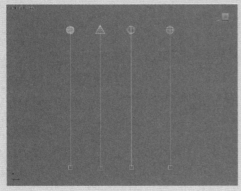

图 5-5

图 5-6

（2）自由灯光

　　自由灯光是没有目标点的灯光，它的参数和目标灯光相同，创建方法也非常简单，在任意视图单击，即可创建自由灯光，如图 5-7 所示。

（3）太阳定位器

　　太阳定位器是 3ds max 2018 版本增加的一个灯光类型。通过设置太阳的距离、日期和时间、气候等参数模拟现实生活中真实的太阳光照，如图 5-8 所示为太阳定位器类型。

> **知识拓展**
>
> 　　光线与对象表面越接近垂直，对象的表面越亮。

图 5-7

图 5-8

5.2　灯光的基本参数

　　在创建灯光后，环境中的部分物体会随着灯光的转换而显示不同的效果，在参数面板中调整灯光的各项参数，即可达到理想效果。

■ 5.2.1　灯光的强度 / 颜色 / 衰减

　　在标准灯光的"强度 / 颜色 / 衰减"卷展栏中，可以对灯光的基本属性进行设置，如图 5-9 所示为参数卷展栏。下面将对"强度 / 颜色 / 衰减"卷展栏中常用选项的含义进行介绍。

- 倍增：该参数可以将灯光功率放大一个正或负的量。颜色：单击色块，可以设置灯光发射光线的颜色。
- 衰退：该选项组提供了使远处灯光强度减小的方法，包括倒数和平方反比两种方法。
- 近距衰减：该选项组中提供了控制灯光强度淡入的参数。
- 远距衰减：该选项组中提供了控制灯光强度淡出的参数。

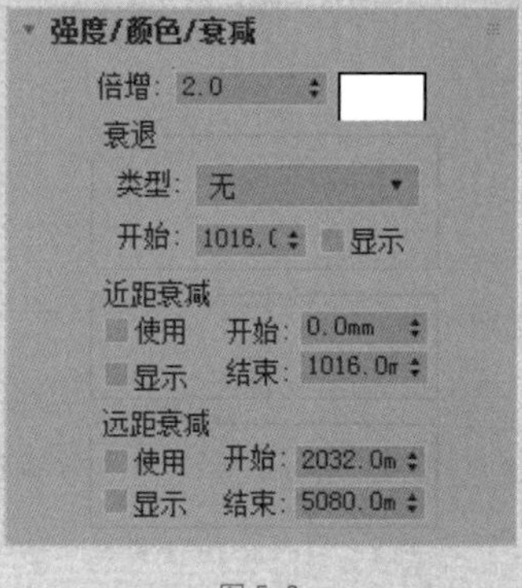

> **知识拓展**
>
> 　　灯光衰减时，距离灯光较近的对象可能过亮，距离灯光较远的对象表面可能过暗。这种情况可通过不同的曝光方式解决。

▸ 强度 / 颜色 / 衰减

　倍增：2.0 　　□
　衰退
　类型：无 　▾
　开始：1016.0 □显示
　近距衰减
　□使用　开始：0.0mm
　□显示　结束：1016.0m
　远距衰减
　□使用　开始：2032.0m
　□显示　结束：5080.0m

图 5-9

■ 5.2.2　光度学灯光的分布方式

　　光度学灯光提供了 4 种不同的分布方式，用于描述光源发射光线方向。在"常规参数"卷展栏中可以选择不同的分布方式，如图 5-10 所示。

（1）统一球形

　　统一球形分布可以在各个方向上均等地分布光线，如图 5-11 所示为等向分布的原理。

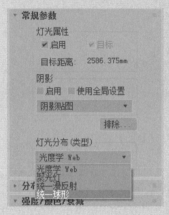

图 5-10

图 5-11

（2）统一漫反射

　　统一漫反射分布从曲面发射光线，以正确的角度保持曲面上的灯光强度最大。倾斜角越大，发射灯光的强度越弱，如图 5-12 所示为漫反射分布的原理。

（3）聚光灯

　　聚光灯分布像闪光灯一样投影聚焦的光束，就像在剧院舞台或檐灯下的聚光区。灯光的光束角度控制光束的主强度，区域角度控制光在主光束之外的"散落"，如图 5-13 所示为聚光灯分布的原理图。

图 5-12

图 5-13

（4）光度学 Web 分布

光度学 Web 分布是以 3D 的形式表示灯光的强度，通过该方式可以调用光域网文件，产生异形的灯光强度分布效果，如图 5-14 所示为该模式原理。

当选择"光度学 Web"分布方式时，在相应的卷展栏中可以选择光域网文件并预览灯光的强度分布图，如图 5-15 所示。

图 5-14

图 5-15

知识拓展

光域网是灯光分布的三维表示。它将测角图表延伸至三维，以便同时检查垂直和水平角度上的发光强度。光域网以原点为中心的球体是等向分布的表示方式。图表中的所有点与中心是等距的，因此灯光在所有方向上都可均等地发光。

■ 5.2.3　光度学灯光的形状

光度学灯光不仅可以设置灯光的分布方式，还可以设置发射光线的形状。目标和自由灯光这两种灯光类型可以切换光线形状，确定灯光为选择状态，在"图形 / 区域阴影"卷展栏中可以设置灯光形状，其中包括点光源、线、矩形、圆形、球体和圆柱体 6 个选项。

（1）点光源

点光源是光度学灯光中默认的灯光形状，使用点光源时，灯光与泛光灯照射方法相同，对整体环境进行照明。

（2）线

使用"线"灯光形状时，光线会从线处向外发射光线，这种灯光类似于真实世界中的荧光灯管效果。在视图中创建目标灯光后，确定灯光为选中状态，打开"修改"选项卡，拖动页面至"图形 / 区域阴影"卷展栏，单击"线"选项，如图 5-16 所示。此时视图中灯光会发生更改，如图 5-17 所示。

图 5-16   图 5-17

（3）矩形

矩形灯光形状是从矩形区域向外发射光线，设置形状为矩形后，下方会出现长度和宽度选项，在其中可以设置矩形的长和宽，如图 5-18 所示。设置完成后视图灯光形状如图 5-19 所示。

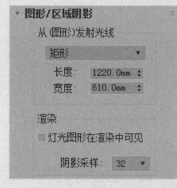

图 5-18   图 5-19

（4）圆形

设置圆形灯光形状后，灯光会从圆形向外发射光线，在"从（图形）发射光线"卷展栏中可以设置圆形形状的半径大小。圆形灯光形状如图 5-20 所示。

（5）球体

和其他灯光形状相同，灯光会从球体的表面向外发射光线，在卷展栏中可以设置球体的半径大小，设置完成后灯光会更改为球状，如图 5-21 所示。

（6）圆柱体

设置该灯光形状后，灯光会从圆柱体表面向外发射光线，在参数卷展栏中可以设置圆柱体的长度和半径，如图 5-22 所示，设置完成后，视图中灯光形状如图 5-23 所示。

图 5-20 图 5-21

图 5-22 图 5-23

■ 5.2.4 阴影参数

所有标准灯光类型都具有相同的阴影参数设置，通过设置阴影参数，可以使对象投影产生密度不同或颜色不同的阴影效果。阴影参数直接在"阴影参数"卷展栏中进行设置，如图 5-24 所示。下面将具体介绍各选项的含义。

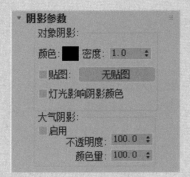

- 颜色：单击色块，可以设置灯光投射的阴影颜色，默认为黑色。
- 密度：控制阴影密度，值越小，阴影越淡。
- 贴图：使用贴图可以应用各种程序贴图与阴影颜色进行混合，产生更复杂的阴影效果。
- 大气阴影：应用该选项组中的参数，可以使场景中的大气效果也产生阴影，并能控制阴影的不透明度和颜色数量。

图 5-24

5.3 阴影类型

标准灯光、光度学灯光中所有类型的灯光，在参数卷展栏中，除了可以对灯光进行开关设置外，还可以选择不同形式的阴影方式。

■ 5.3.1　阴影贴图

阴影贴图是最常用的阴影生成方式，它能产生柔和的阴影，并且渲染速度快。不足之处是会占用大量的内存，并且不支持使用透明度或不透明度贴图的对象。

使用阴影贴图，灯光参数面板中会出现"阴影贴图参数"卷展栏，如图 5-25 所示。

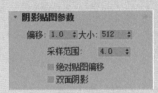

图 5-25

下面将卷展栏中各选项的含义进行介绍。

- 偏移：位图偏移面向或背离阴影投射对象移动阴影。
- 大小：设置用于计算灯光的阴影贴图大小。
- 采样范围：采样范围决定阴影内平均有多少区域，影响柔和阴影边缘的程度。范围为 0.01 ~ 50.0。
- 绝对贴图偏移：勾选该复选框，阴影贴图偏移未标准化，以绝对方式计算阴影贴图偏移量。
- 双面阴影：勾选该复选框，计算阴影时背面将不被忽略。

■ 5.3.2　区域阴影

所有类型的灯光都可以使用"区域阴影"参数。创建区域阴影，需要设置"虚设"区域阴影的虚拟灯光的尺寸。

使用"区域阴影"后，会出现相应的参数卷展栏，在卷展栏中可以选择产生阴影的灯光类型并设置阴影参数，如图 5-26 所示。

图 5-26

下面将卷展栏中各选项的含义介绍如下。

- 基本选项：在该选项组中可以选择生成区域阴影的方式，包括简单、矩形灯、圆形灯、长方形灯光、球形灯等多种方式。
- 阴影完整性：设置在初始光束投射中的光线数。
- 阴影质量：用于设置在半影（柔化区域）区域中投射的光线总数。
- 采样扩散：用于设置模糊抗锯齿边缘的半径。
- 阴影偏移：用于控制阴影和物体之间的偏移距离。
- 抖动量：用于向光线位置添加随机性。
- 区域灯光尺寸：该选项组提供尺寸参数来计算区域阴影，该组参数并不影响实际的灯光对象。

■ 5.3.3　光线跟踪阴影

使用"光线跟踪阴影"功能可以支持透明度和不透明度贴图，产生清晰的阴影，但该阴影类型渲染计算速度较慢，不支持柔和的阴影效果。

选择"光线跟踪阴影"选项后，参数面板中会出现相应的卷展栏，如图 5-27 所示。其中，各选项的含义如下。

图 5-27

- 光线偏移：该参数设置光线跟踪偏移面向或背离阴影投射对象移动阴影的多少。
- 双面阴影：勾选该复选框，计算阴影时其背面将不被忽略。
- 最大四元树深度：该参数可调整四元树的深度。增大四元树深度值可以缩短光线跟踪时间，但却要占用大量的内存空间。四元树是一种用于计算光线跟踪阴影的数据结构。

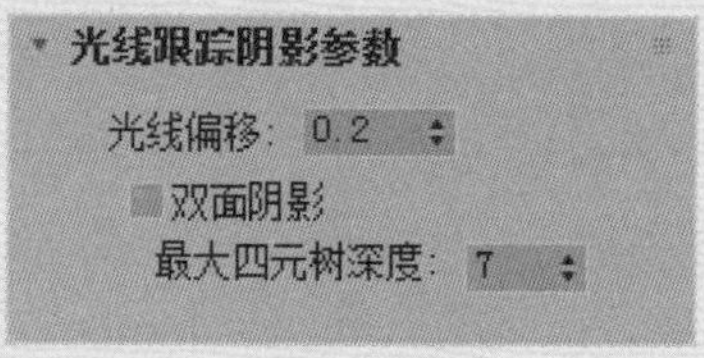

小试身手——为玄关场景创建射灯

下面将结合以上所学知识为玄关场景创建射灯光源，具体操作如下。

01 打开素材文件，如图 5-28 所示。

02 在"光度学"命令面板中单击"目标灯光"按钮，创建目标灯光光源，如图 5-29 所示。

03 在"常规参数"卷展栏中启用阴影，并设置阴影分布（类型）为光度学 Web，如图 5-30 所示。

04 在"分布（光度学 Web）"卷展栏中，单击"选择光度学文件"按钮，打开"打开光域 Web 文件"对话框，选择需要的光域网文件，如图 5-31 所示。

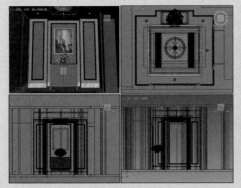

图 5-28   图 5-29

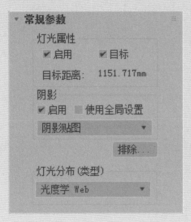

图 5-30   图 5-31

05 单击"打开"按钮，加载光域网文件，在"强度/颜色/衰减"卷展栏中修改强度为 3500，如图 5-32 所示。

06 单击"过滤颜色"按钮，在打开的"颜色选择器：过滤器颜色"对话框中设置射灯颜色参数，如图 5-33 所示。

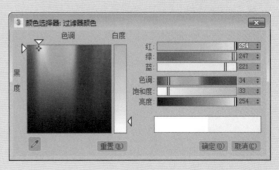

图 5-32   图 5-33

07 单击"确定"按钮,即可创建好射灯光源,并将其进行复制,完成玄关射灯的创建,如图 5-34 所示。

08 渲染场景,效果如图 5-35 所示。

图 5-34

图 5-35

5.4 课堂练习——为卧室场景创建太阳光

本节将为卧室场景创建太阳光源,在制作过程中需要用"目标平行光"来模拟太阳光源,下面将具体介绍操作方法。

01 打开素材文件,如图 5-36 所示。

02 单击"目标平行光"按钮,创建目标平行光光源,如图 5-37 所示。

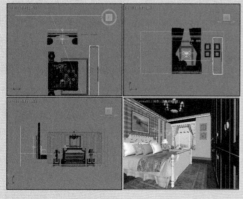
图 5-36

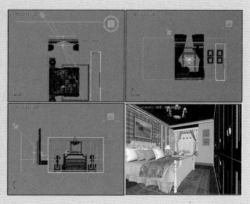
图 5-37

03 在"常规参数"卷展栏中启用阴影,如图 5-38 所示。

04 在"强度/颜色/衰减"卷展栏中设置倍增值,如图 5-39 所示。

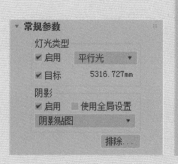

图 5-38   图 5-39

05 在"平行光参数"卷展栏中设置聚光区 / 光束和衰减区 / 区域值，如图 5-40 所示。

06 创建好的太阳光光源，如图 5-41 所示。

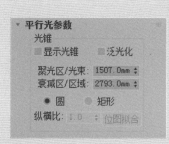

图 5-40   图 5-41

07 渲染场景，效果如图 5-42 所示。

图 5-42

强化训练

通过本章的学习，读者对灯光种类、灯光的基本参数、阴影类型等知识有了一定的认识。为了使读者更好地掌握本章所学知识，在此列举两个针对本章知识的习题，以供读者练手。

1. 为卧室场景创建射灯

下面利用"目标灯光"为卧室场景创建射灯材质，如图5-43、图5-44所示。

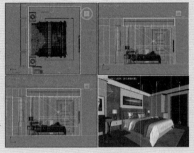

图 5-43

操作提示：

01 单击"目标灯光"按钮，创建目标灯光光源，设置灯光分布（类型）为光度学Web并添加光域网文件。

02 在"强度/颜色/衰减"卷展栏中设置强度的单位为lm，强度为3000，创建好的射灯光源，如图5-43所示。

03 渲染卧室场景，效果如图5-44所示。

2. 为客厅场景创建太阳光源

下面利用"目标平行光"按钮为客厅场景创建太阳光源，如图5-45、图5-46所示。

图 5-44

操作提示：

01 单击"目标平行光"按钮，创建目标平行光源，在"常规参数"卷展栏中启用阴影。

02 在"强度/颜色/衰减"卷展栏中设置倍增值为3，并设置灯光颜色，如图5-45所示。

03 渲染客厅场景，效果如图5-46所示。

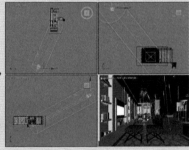

图 5-45

图 5-46

第 6 章

摄影机与渲染技术

本章概述 SUMMARY

在室内设计中，当场景中的模型、材质、灯光创建完成后，只需创建摄影就可对其进行渲染了。创建摄影机后其位置、摄影角度、焦距等都可以调整，并设置渲染参数，渲染出真实的光影效果和各种不同的物体质感。

■ 学习目标

通过对本章内容的学习能够让读者掌握摄影机与渲染器的操作，渲染出更加真实的场景效果。

■ 要点难点

✓ 摄影机的操作 ✓ 目标摄影机
✓ 渲染输出设置 ✓ 局部渲染

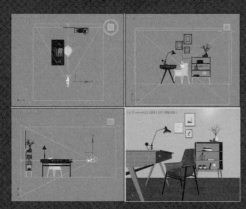

◎创建目标摄影机

◎渲染卫生间场景

6.1 摄影机知识

灯光可以模拟现实生活中的光线效果。在 3ds max 中提供了标准和光度学两种灯光类型，每个灯光的使用方法不同，模拟光源的效果也不同。

■ 6.1.1 认识摄影机

真实世界中的摄影机是使用镜头将环境反射的灯光聚焦到具有灯光敏感性曲面的焦点平面，3ds max 中摄影机相关的参数主要包括焦距和视野。

（1）焦距

焦距是指镜头和灯光敏感性曲面的焦点平面间的距离。焦距影响成像对象在图片上的清晰度。焦距越小，图片中包含的场景越多。焦距越大，图片中包含的场景越少，但会显示远距离成像对象的更多细节。

（2）视野

视野控制摄影机可见场景的数量，以水平线度数进行测量。视野与镜头的焦距直接相关，例如焦距为 35mm 的镜头显示水平线约为54°，焦距越大则视野越窄，焦距越小则视野越宽。

■ 6.1.2 摄影机的操作

在 3ds max 中，可以通过多种方法创建摄影机，并能够使用移动和旋转工具对摄影机进行移动和定向操作，同时应用备用的各种镜头参数来控制摄影机的观察范围和效果。

（1）摄影机的创建与变换

对摄影机进行移动操作时，通常针对目标摄影机，可以对摄影机和摄影机目标点分别进行移动。由于目标摄影机被约束指向其目标，无法沿着其自身的 x 轴和 y 轴进行旋转，所以旋转操作主要针对自由摄影机。

（2）摄影机常用参数

摄影机的常用参数主要包括镜头的选择、视野的设置、大气范围和裁剪范围的控制等多个参数。

6.2 摄影机类型

摄影机可以从特定的观察点来表现场景，模拟真实世界中的静止图像、运动图像或视频，并能够制作某些特殊的效果，如景深和运动模糊等。3ds max 2018 提供了三种摄影机类型，包括物理摄影机、目标摄影机和自由摄影机，下面对其相关知识进行介绍。

■ 6.2.1　物理摄影机

物理摄影机可模拟用户可能熟悉的真实摄影机设置，如快门速度、光圈、景深和曝光。借助增强的控件和额外的视口内反馈，让创建逼真的图像和动画变得更加容易。如图 6-1 所示为模型创建物理摄影机。

（1）基本参数

"基本"参数卷展栏如图 6-2 所示，下面将对各参数的含义进行介绍。

- 目标：启用该选项后，摄影机包括目标对象，并与目标摄影机的行为相似。
- 目标距离：设置目标与焦平面之间的距离，会影响聚焦、景深等。
- 显示圆锥体：在显示摄影机圆锥体时选择"选定时""始终"或"从不"。
- 显示地平线：启用该选项后，地平线在摄影机视口中显示为水平线（假设摄影机帧包括地平线）。

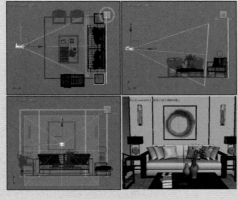

图 6-1

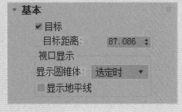

图 6-2

（2）物理摄影机参数

"物理摄影机"参数卷展栏如图 6-3 所示，下面将对常用参数的含义进行介绍。

- 预设值: 选择胶片模型或电荷耦合传感器。选项包括 35mm（全画幅）胶片（默认设置），以及多种行业标准设置。每个设置都有其默认宽度值。"自定义"选项用于选择任意宽度。
- 宽度：可以手动调整帧的宽度。

- 焦距：设置镜头的焦距，默认值为 40mm。
- 指定视野：启用该选项时，可以设置新的视野值。默认的视野值取决于所选的胶片 / 传感器预设值。
- 缩放：在不更改摄影机位置的情况下缩放镜头。
- 光圈：将光圈设置为光圈数，或"F 制光圈"。此值将影响曝光和景深。光圈值越低，光圈越大并且景深越窄。
- 镜头呼吸：通过将镜头向焦距方向移动或远离焦距方向来调整视野。镜头呼吸值为 0.0 表示禁用此效果。默认值为 1.0。
- 启用景深：启用该选项时，摄影机在不等于焦距的距离上生成模糊效果。景深效果的强度基于光圈设置。
- 类型：选择测量快门速度使用的单位：帧（默认设置），通常用于计算机图形；分或分秒，通常用于静态摄影；或度，通常用于电影摄影。
- 偏移：启用该选项时，指定相对于每帧的开始时间的快门打开时间，更改此值会影响运动模糊。
- 启用运动模糊：启用该选项后，摄影机可以生成运动模糊效果。

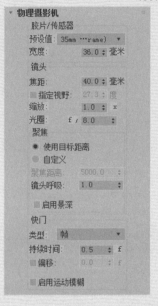

图 6-3

> **知识拓展** ⊶
>
> 物理摄影机的功能非常强大，物理摄影机作为 3ds max 自带的目标摄影机而言，具有很多优秀的功能，如焦距、光圈、白平衡、快门速度和曝光等，这些参数与单反相机是非常相似的，因此想要熟练地应用物理摄影机，可以适当学习一些单反相机的相关知识。

（3）曝光参数

"曝光"参数卷展栏如图 6-4 所示，下面将对各参数的含义进行介绍。

- 曝光控制已安装：单击以使物理摄影机曝光控制处于活动状态。
- 手动：通过 ISO 值设置曝光增益。当此选项处于活动状态时，通过此值、快门速度和光圈设置计算曝光。该数值越高，曝光时间越长。
- 目标：设置与三个摄影曝光值的组合相对应的单个曝光值。每次增加或降低 EV 值，对应的也会分别减少或增加有效的曝光，因此，值越高，生成的图像越暗；值越低，生成的图像越亮。默认设置为 6.0。
- 光源：按照标准光源设置色彩平衡。
- 温度：以色温形式设置色彩平衡，以开尔文度表示。
- 启用渐晕：启用时，渲染模拟出现在胶片平面边缘的变暗效果。

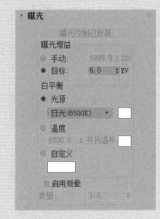

图 6-4

（4）散景（景深）参数

　　"散景（景深）"参数卷展栏如图6-5所示，下面将对各参数的含义进行介绍。

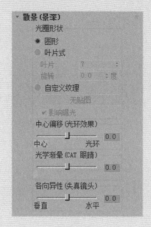

图6-5

- 圆形：散景效果基于圆形光圈。
- 叶片式：散景效果使用带有边的光圈。使用"叶片"值设置每个模糊圈的边数，使用"旋转"值设置每个模糊圈旋转的角度。
- 自定义纹理：使用贴图来用图案替换每种模糊圈。
- 中心偏移（光环效果）：使光圈透明度向中心（负值）或边（正值）偏移。正值会增加焦区域的模糊量，而负值会减小模糊量。
- 光学渐晕（CAT眼睛）：通过模拟猫眼效果使帧呈现渐晕效果。

■ 6.2.2　目标摄影机

　　目标摄影机用于观察目标点附近的场景内容，它由摄影机、目标点两部分组成，可以很容易地单独进行控制调整，并分别设置动画。如图6-6所示为模型创建目标摄影机。

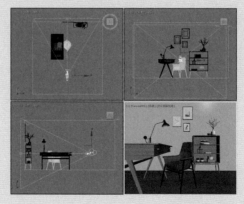

图6-6

（1）常用参数

摄影机的常用参数主要包括镜头的选择、视野的设置、大气范围和裁剪范围的控制等多个参数，如图6-7、图6-8所示为摄影机对象与相应的参数卷展栏。

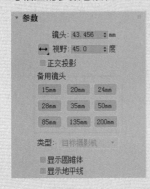

图 6-7   图 6-8

下面将对常用选项的含义进行介绍。

- 镜头：以毫米为单位设置摄影机的焦距。
- 视野：用于决定摄影机查看区域的宽度，可以通过水平、垂直或对角线这3种方式测量应用。
- 备用镜头：该选项组用于选择各种常用预置镜头。
- 显示：显示出在摄影机锥形光线内的矩形。
- 近距范围 / 远距范围：设置大气效果的近距范围和远距范围。
- 手动剪切：启用该选项可以定义剪切的平面。
- 近距剪切 / 远距剪切：设置近距和远距平面。
- 目标距离：当使用目标摄影机时，设置摄影机与其目标之间的距离。

（2）景深参数

景深是多重过滤效果，通过模糊到摄影机焦点某距离处帧的区域，使图像焦点之外的区域产生模糊效果。

景深的启用和控制，主要在摄影机参数面板的"多过程效果"选项组和"景深参数"卷展栏中进行设置，如图6-9所示。下面将各参数的含义进行介绍。

- 使用目标距离：启用该选项后，系统会将摄影机的目标距离用作每个过程偏移摄影机的点。
- 焦点深度：该选项可以用来设置摄影机的偏移深度。
- 显示过程：启用该选项后，"渲染帧窗口"对话框中将显示多个渲染通道。
- 使用初始位置：启用该选项后，第一个渲染过程将位于摄影机的初始位置。

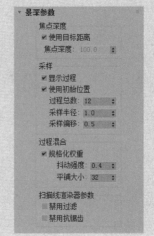

图 6-9

- 过程总数：设置生成景深效果的过程数。增大该值可以提高效果的真实度，但是会增加渲染时间。
- 采样半径：设置模糊半径。数值越大，模糊越明显。

■ 6.2.3 自由摄影机

自由摄影机在摄影机指向的方向查看区域，与目标摄影机非常相似，不同的是自由摄影机比目标摄影机少了一个目标点，自由摄影机由单个图标表示，可以更轻松地设置摄影机动画。如图 6-10 所示为模型创建自由摄影机。

其参数卷展栏与目标摄影机基本相同，这里不再赘述。

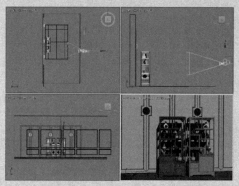

图 6-10

小试身手——为客厅场景创建摄影机

下面将结合以上所学知识为客厅场景创建摄影机，具体操作如下。

01 打开素材文件，如图 6-11 所示。

02 单击"目标摄影机"按钮，在顶视图中创建摄影机，选择透视图，并按快捷键 C，将透视图更改为摄影机视图，如图 6-12 所示。

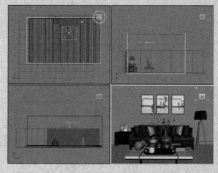

图 6-11

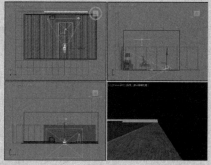

图 6-12

03 在左视图中调整摄影机的高度，如图 6-13 所示。

04 调整摄影机目标点的高度，如图 6-14 所示。

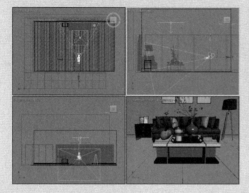

图 6-13

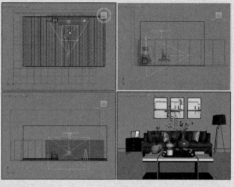

图 6-14

05 渲染摄影机视图，渲染效果如图 6-15 所示。

图 6-15

6.3 渲染基础知识

对于 3ds max 三维设计软件来讲，对系统要求较高，无法实时预览，因此需要先进行渲染才能看到最终效果。可以说，渲染是效果图创建过程中最为重要的一个环节，下面将首先对渲染的相关基础知识进行介绍。

■ 6.3.1 渲染器类型

渲染器的类型很多，3ds max 2018 自带了 4 种渲染器，分别是 ART 渲染器、Qui cksilver 硬件渲染器、VUE 文件渲染器、默认扫描线渲染器，如图 6-16 所示。此外，用户还可以使用外置的渲染器插件，如 VRay 渲染器等。下面将对各渲染器的含义进行介绍。

图 6-16

（1）ART 渲染器

ART 渲染器可以为任意的三维空间工程提供真实的基于硬件的灯光现实仿真技术，各部分独立，互不影响，实时预览功能强大，支持尺寸和 dpi 格式，ART 渲染器渲染效果如图 6-17 所示。

（2）Qui cksilver 硬件渲染器

Qui cksilver 硬件渲染器使用图形硬件生成渲染。Qui cksilver 硬件渲染器的一个优点是它的速度。默认设置提供快速渲染。Qui cksilver 硬件渲染器渲染效果如图 6-18 所示。

图 6-17　　　　　　　　　　　　　图 6-18

（3）VUE 文件渲染器

VUE 文件渲染器可以创建 VUE(.vue) 文件。VUE 文件使用可编辑 ASCII 格式。

（4）扫描线渲染器

扫描线渲染器是默认的渲染器，默认情况下，通过"渲染场景"对话框或者 Video Post 渲染场景时，可以使用扫描线渲染器。扫描线渲染器是一种多功能渲染器，可以将场景渲染为从上到下生成的一系列扫描线。默认扫描线渲染器的渲染速度是最快的，但是真实度一般。扫描线渲染器渲染效果如图 6-19 所示。

（5）VRay 渲染器

VRay 渲染器是渲染效果相对比较优质的渲染器。VRay 渲染器渲染效果如图 6-20 所示。

图 6-19　　　　　　　　　　　　　图 6-20

6.3.2　渲染输出设置

"公用参数"卷展栏用来设置所有渲染器的公用参数。其参数卷展栏如图 6-21 所示。

下面将对常用参数的含义进行介绍。

- 单帧：仅当前帧。
- 要渲染的区域：分为视图、选定对象、区域、裁剪、放大。
- 选择的自动区域：该选项控制选择的自动渲染区域。
- "输出大小"下拉列表：下拉列表中可以选择几个标准的电影和视频分辨率以及纵横比。
- 光圈宽度（毫米）：指定用于创建渲染输出的摄影机光圈宽度。宽度和高度：以像素为单位指定图像的宽度和高度。
- 预设分辨率按钮（320x240、640x480 等）：选择预设分辨率。
- 图像纵横比：设置图像的纵横比。
- 像素纵横比：设置显示在其他设备上的像素纵横比。
- 大气：启用此选项后，渲染任何应用的大气效果，如体积雾。
- 效果：启用此选项后，渲染任何应用的渲染效果，如模糊。
- 保存文件：启用此选项后，渲染时 3ds max 会将渲染后的图像或动画保存到磁盘。

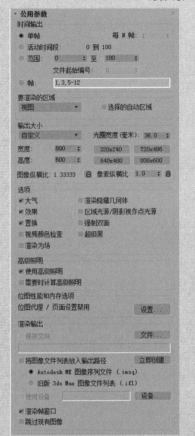

图 6-21

6.3.3　保存图像

在渲染场景后，渲染效果就会显示在渲染帧窗口中，利用该窗口可以设置图像的保存路径、格式和名称。下面将具体介绍保存渲染效果的方法。

01 激活"透视"视图，按 F9 快捷键，打开 VRay 渲染帧窗口渲染视图，渲染完成后单击窗口上方的"保存"按钮，如图 6-22 所示。

02 此时打开"保存图像"对话框，在其中设置保存路径、名称和格式，如图 6-23 所示。

03 单击"保存"按钮，打开"PNG 配置"对话框，并在其中设置图像质量的各选项，设置完成后单击"确定"按钮，即可保存图像，如图 6-24 所示。

> **绘图技巧**
>
> 在完成渲染后保存文件时，只能将其保存为各种位图格式，如果保存为视频格式，将只有一帧的画面。

图 6-22

图 6-23

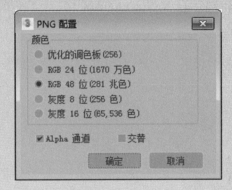

图 6-24

■ 6.3.4　局部渲染

利用"VRay 渲染帧窗口"可以渲染区域，这样系统将会根据指定的区域进行渲染，利用这一功能可有效地节约时间，更快速地渲染需要查看的位置。下面将具体介绍设置渲染区域的方法。

01 在没有创建灯光的情况下渲染场景，如图 6-25、图 6-26 所示。

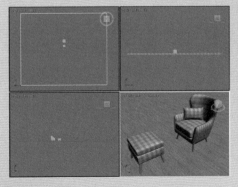

图 6-25

图 6-26

02 单击"泛光"按钮，为场景创建光源，如图 6-27 所示。

03 在"要渲染的区域"中单击"区域"按钮，在渲染帧窗口中单击并拖动鼠标创建红色矩形区域，如图 6-28 所示。

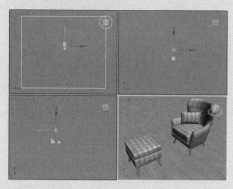
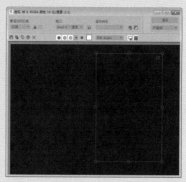

图 6-27   图 6-28

04 单击"渲染"按钮，在选定区域内就开始进行渲染，渲染完成后的效果如图 6-29 所示。

05 效果满意后取消区域渲染，再次渲染视图，效果如图 6-30 所示。

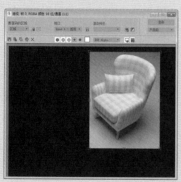

图 6-29   图 6-30

6.4 课堂练习——渲染卧室场景

不同的渲染器所渲染的效果也略有不同，下面仅通过 VRay 渲染器来介绍测试图与最终图的渲染方法。

01 打开素材文件，此时灯光、材质、摄影机等已经创建完毕，如图 6-31 所示。

02 在未设置渲染器的情况下渲染摄影机视图，效果如图 6-32 所示。

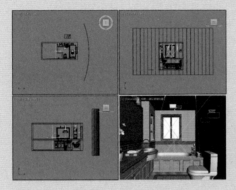

图 6-31　　　　　　　　　　　　　图 6-32

03 在"帧缓冲"卷展栏中取消勾选"启用内置帧缓冲区（VFB）"复选框，如图 6-33 所示。

04 在"图像采样（抗锯齿）"卷展栏中设置抗锯齿类型为块，在"图像过滤"卷展栏中取消勾选"图像过滤器"复选框，如图 6-34 所示。

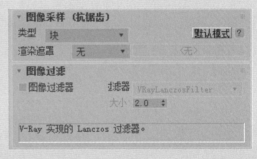

图 6-33　　　　　　　　　　　　　图 6-34

05 在"颜色贴图"卷展栏中设置类型为指数，如图 6-35 所示。

06 在"全局光照"卷展栏中设置首次引擎为发光贴图；在"发光贴图"卷展栏中设置当前预设为非常低，设置细分值为 20，如图 6-36 所示。

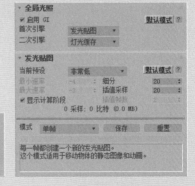

图 6-35　　　　　　　　　　　　　图 6-36

摄影机与渲染技术

07 在"灯光缓存"卷展栏中设置细分值为 200，如图 6-37 所示。

08 渲染摄影机视图，效果如图 6-38 所示。

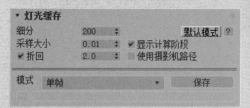

图 6-37　　　　　　　　　　　　　　　　　图 6-38

09 下面进行最终效果的渲染设置。设置出图大小，如图 6-39 所示。

10 在"图像采样（抗锯齿）"卷展栏中设置抗锯齿类型为渐进，在"图像过滤"卷展栏中勾选"图像过滤器"复选框，设置过滤器类型，如图 6-40 所示。

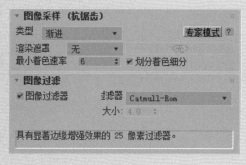

图 6-39　　　　　　　　　　　　　　　　　图 6-40

11 在"全局 DMC"卷展栏高级模式中勾选"使用局部细分"复选框，设置自适应数量为 0.75，如图 6-41 所示。

12 在"发光贴图"卷展栏中设置当前预设为高，细分和插值采样值均为 50；在"灯光缓存"卷展栏中设置细分值为 1200，如图 6-42 所示。

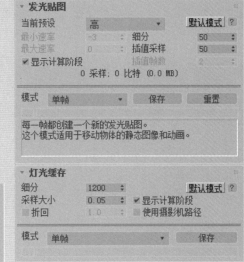

图 6-41

图 6-42

13 在"系统"卷展栏中设置序列方式为"顶 ->底"，如图 6-43 所示。

14 渲染摄影机视图，效果如图 6-44 所示。

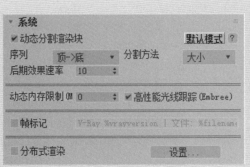

图 6-43

图 6-44

强化训练

通过本章的学习，读者对摄影机知识、渲染等知识有了一定的认识。为了使读者更好地掌握本章所学知识，在此列举两个针对本章知识的习题，以供读者练手。

1. 为鱼缸创建摄影机

下面为鱼缸创建并调整摄影机，切换摄影机视图，并渲染视图，效果如图 6-45、图 6-46 所示。

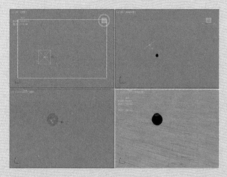

图 6-45

图 6-46

操作提示：

01 打开素材文件，在顶视图创建目标摄影机。

02 创建并调整摄影机的位置，如图 6-45 所示。

03 将视图切换为摄影机视图，并进行渲染，效果如图6-46所示。

2. 渲染卫生间效果

利用本章所学知识渲染卫生间模型，效果如图 6-47 所示。

操作提示：

01 打开素材文件，将渲染器更改为 VRay 渲染器。

02 设置输出大小、颜色贴图、发光图、系统等参数，并进行渲染，效果如图 6-47 所示。

图 6-47

第7章

创建客厅场景模型

本章概述 SUMMARY

　　本章将创建欧式田园风格的客厅场景，场景中带有一个较大的阳台，从而使客厅拥有了充足的光线。为了扮靓客厅区域，在此还创建了很多家具模型，比如沙发、茶几、灯具等。最终该区域呈现出美观大方、宽敞明亮、色彩统一、出入方便的效果。

■ 学习目标
　　通过对本章内容的学习，能够让读者掌握创建客厅场景模型的操作方法。

■ 要点难点
　√ 创建客厅主体建筑　　　　　√ 创建窗户模型
　√ 创建沙发模型　　　　　　　√ 创建茶几模型

◎创建客厅场景模型

◎渲染客厅场景效果

7.1 创建客厅主体模型

建模是制作效果图的第一步,建模前首先要准备好 CAD 图纸,并将其导入 3ds max 中,下面将创建客厅主体建筑模型,具体操作如下。

01 启动 3ds max 软件,执行"自定义"｜"单位设置"命令,打开"单位设置"对话框,设置公制单位为毫米,如图 7-1 所示。

02 单击"系统单位设置"按钮,打开"系统单位设置"对话框,设置系统单位比例为"毫米",设置完成后依次单击"确定"按钮,关闭对话框,如图 7-2 所示。

图 7-1　　　　　　　　　　　图 7-2

03 执行"导入"命令,在打开的"选择要导入的文件"对话框中选择所需文件,导入客厅 CAD 平面图,如图 7-3 所示。

04 将平面图导入当前视图中,如图 7-4 所示。

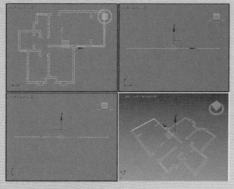

图 7-3　　　　　　　　　　　图 7-4

05 单击鼠标右键,在弹出的快捷菜单中选择"冻结当前选择"命令,如图 7-5 所示。

06 冻结后的效果如图 7-6 所示。

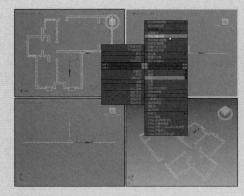 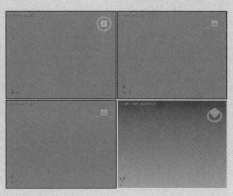

图 7-5 　　　　　　　　　　　　　图 7-6

07 鼠标右键单击"捕捉"按钮，打开"栅格和捕捉设置"对话框，在"捕捉"选项卡中设置捕捉选项，如图 7-7 所示。

08 在"选项"选项卡中勾选"捕捉到冻结对象"复选框，设置完成后激活"捕捉开关"按钮，如图 7-8 所示。

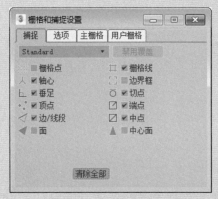 

图 7-7 　　　　　　　　　　　　　图 7-8

09 单击"线"按钮，在顶视图中捕捉绘制墙体线，如图 7-9 所示。

10 关闭"捕捉开关"按钮，为其添加"挤出"修改器，设置挤出值为 3000mm，效果如图 7-10 所示。

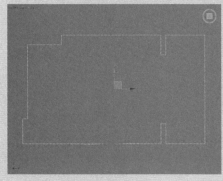 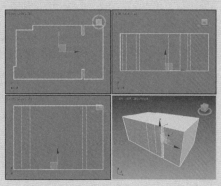

图 7-9 　　　　　　　　　　　　　图 7-10

11 单击鼠标右键，在弹出的快捷菜单中将其转换为可编辑多边形，如图 7-11 所示。

12 进入"边"子层级，选择两条边，如图 7-12 所示。

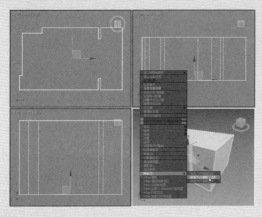

图 7-11

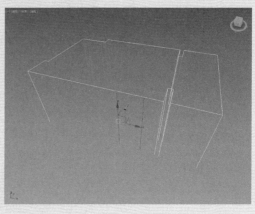

图 7-12

13 在"编辑边"卷展栏中单击"连接"按钮，设置连接边数为 2，如图 7-13 所示。

14 单击"确定"按钮，调整两条线的高度分别为 800mm、2300mm，如图 7-14 所示。

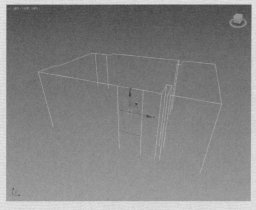

图 7-13

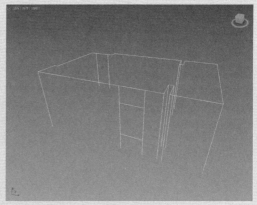

图 7-14

15 按照相同的方法，创建阳台位置的窗户，并调整两条边的高度为 350mm、2300mm，如图 7-15 所示。

16 进入"多边形"子层级，选择多边形，如图 7-16 所示。

17 在"编辑多边形"卷展栏中单击"挤出"按钮，设置挤出数量为 200，如图 7-17 所示。

18 按照相同的方法挤出阳台窗户图形，如图 7-18 所示。

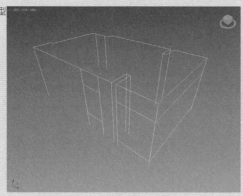

图 7-15

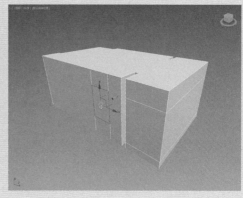

图 7-16

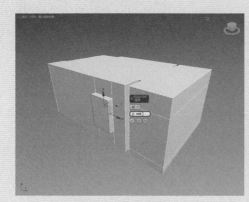

图 7-17

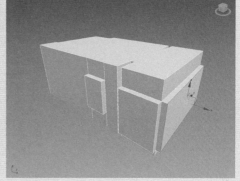

图 7-18

19 选择挤出的面，按 Delete 键将其删除，如图 7-19 所示。

20 按 Ctrl+A 组合键全选所有多边形，如图 7-20 所示。

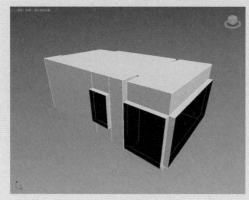

图 7-19

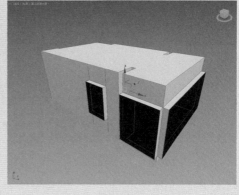

图 7-20

21 单击"翻转"按钮，即可透视看到模型内部，如图 7-21 所示。

22 在视口中单击鼠标右键，在弹出的快捷菜单中选择"对象属性"命令，如图 7-22 所示。

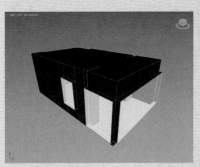

图 7-21

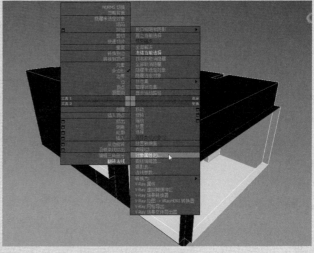

图 7-22

23 在打开的"对象属性"对话框中勾选"背面消隐"复选框，如图 7-23 所示。

24 单击"确定"按钮，即可看到消隐后的效果，如图 7-24 所示。

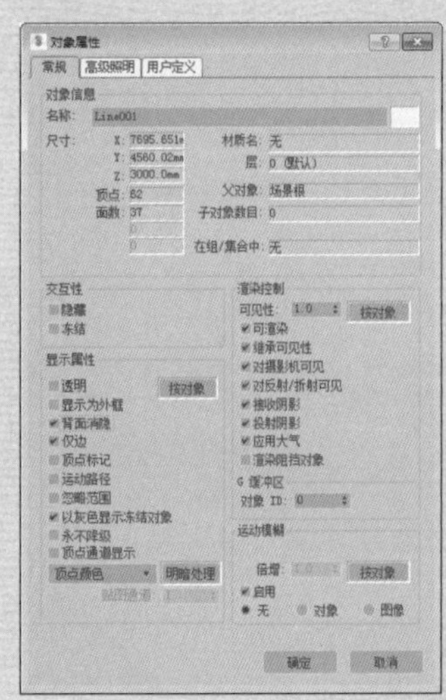

![对象属性对话框]

图 7-23

![消隐后效果]

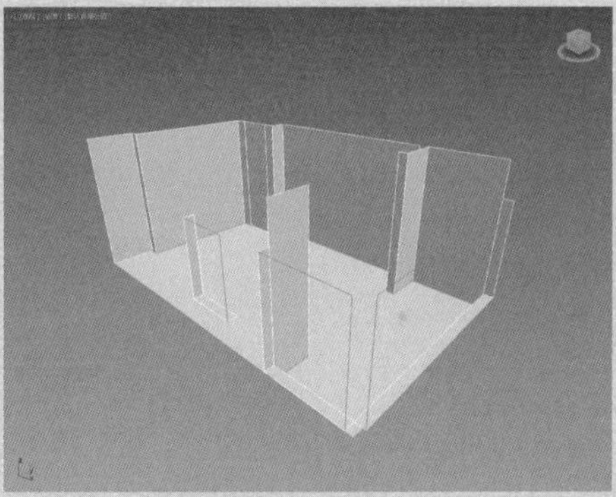

图 7-24

7.2　创建窗户、阳台门框模型

　　场景中不仅对阳台的门垛添加了门框，对原始墙体进行保护，还在客厅沙发背景墙的位置留了一扇小一些的窗户，本小节主要介绍窗户与门框模型的制作，阳台位置后期会利用窗帘来遮挡，可以省去创建步骤，具体操作如下。

■ 7.2.1 创建窗户模型

下面将介绍创建窗户模型的具体操作方法。

01 创建窗户模型。单击"矩形"按钮,在顶视图绘制一个矩形,设置长度为 250mm,宽度为 50mm,角半径为 8mm,如图 7-25 所示。

02 在前视图中捕捉窗户部分绘制矩形,如图 7-26 所示。

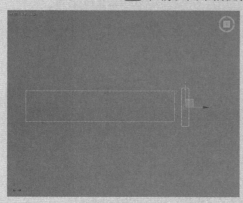

图 7-25

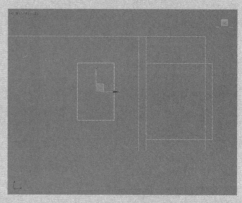

图 7-26

03 在"复合对象"命令面板中单击"放样"按钮,在打开的"创建方法"卷展栏中单击"获取图形"按钮,如图 7-27 所示。

04 在前视图中选择绘制的矩形图形,如图 7-28 所示。

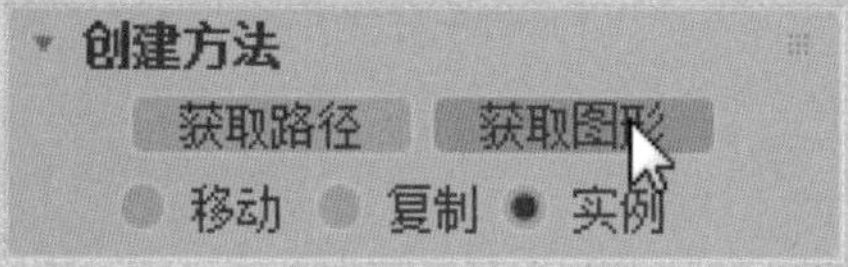

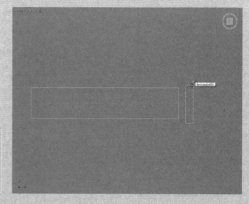

图 7-27

图 7-28

05 这样就制作出窗套模型,将其移动到合适位置,如图 7-29 所示。

06 在前视图中继续捕捉窗户绘制一个矩形,如图 7-30 所示。

07 单击鼠标右键,在弹出的快捷菜单中选择"转换为可编辑样条线"命令,如图 7-31 所示。

08 进入"样条线"子层级,选择样条线,并将选择好的样条线进行复制,如图 7-32 所示。

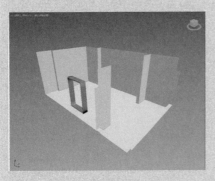
图 7-29

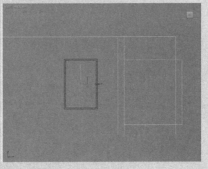
图 7-30

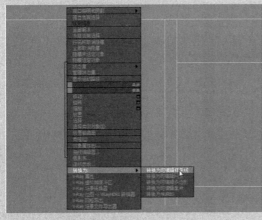
图 7-31

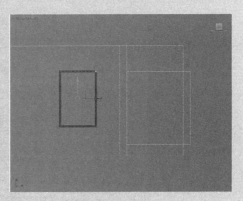
图 7-32

09 在"几何体"卷展栏中输入轮廓值为 100mm，如图 7-33 所示。

10 轮廓后的效果，如图 7-34 所示。

图 7-33

图 7-34

11 进入"顶点"子层级，调整轮廓后的图形，如图 7-35 所示。

12 进入"样条线"子层级，选择样条线，向下复制图形，并
进入"顶点"子层级调整样条线，如图 7-36 所示。

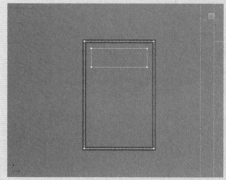
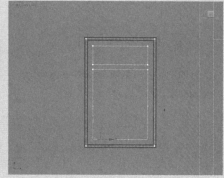

图 7-35   图 7-36

13 为创建好的样条线添加"挤出"修改器，设置挤出数量为 60mm，效果如图 7-37 所示。

14 将模型转换为可编辑多边形，并进入"边"子层级，选择边，如图 7-38 所示。

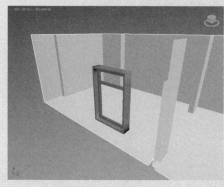
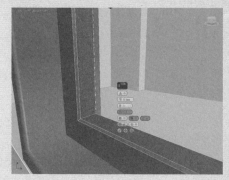

图 7-37   图 7-38

15 在"编辑边"子层级中，单击"切角"设置按钮，设置边切角量为 5，如图 7-39 所示。

16 在前视图中捕捉绘制宽度为 514mm 的矩形图形，如图 7-40 所示。

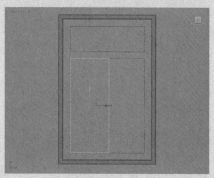

图 7-39   图 7-40

17 将绘制的矩形转换为可编辑样条线，进入"样条线"子层级，在"几何体"卷展栏中单击"轮廓"按钮，设置轮廓值为 60mm，效果如图 7-41 所示。

18 为其添加"挤出"效果，设置挤出值为 30mm，移动到合适位置，如图 7-42 所示。

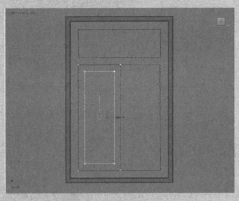
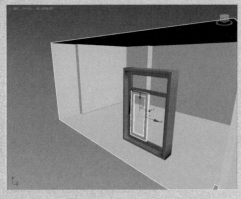

图 7-41   图 7-42

19 将其转换为可编辑多边形，进入"边"子层级，选择边，如图 7-43 所示。

20 在"编辑边"卷展栏中，单击"切角"设置按钮，设置切角量为 5mm，如图 7-44 所示。

图 7-43   图 7-44

21 单击"矩形"按钮，捕捉绘制矩形，并将其挤出 8mm，作为玻璃模型，再将其移动到合适位置，制作出一扇窗户模型，如图 7-45 所示。

22 复制窗户模型，如图 7-46 所示。

23 按照相同的方法，继续创建玻璃模型，如图 7-47 所示。

图 7-45   图 7-46

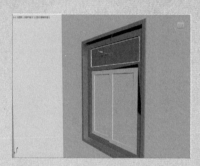

图 7-47

■ 7.2.2 创建门框模型

下面将介绍创建门框模型的操作方法。

01 创建门框模型。在顶视图中，单击"矩形"按钮，在阳台门垛的位置创建长度为 100mm 的矩形图像，如图 7-48 所示。

02 将其转换为可编辑样条线，进入"线段"子层级，选择线段，如图 7-49 所示。

图 7-48   图 7-49

03 按 Delete 键删除线段，如图 7-50 所示。

04 进入"样条线"子层级，选择样条线，在"几何体"卷展栏中设置轮廓值为 −20mm，如图 7-51 所示。

图 7-50   图 7-51

05 轮廓后的样条线图形，作为门框截面，如图 7-52 所示。

06 在左视图中，单击"样条线"按钮，捕捉门垛图形创建样条线，如图 7-53 所示。

图 7-52   图 7-53

07 在顶视图中，单击"放样"按钮，在"创建方法"卷展栏中单击"获取图形"按钮，如图 7-54 所示。

08 在顶视图中选择图形，如图 7-55 所示。

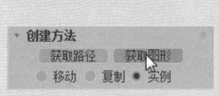

图 7-54   图 7-55

09 将放样后的模型移动到阳台合适位置，作为门框模型，如图 7-56 所示。

10 可以看到放样后的门框模型方向不对，在顶视图中选择截面图形，将其转换为可编辑样条线，并进入"样条线"子层级，全选线段，如图 7-57 所示。

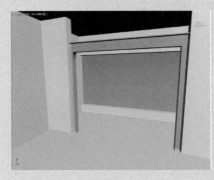
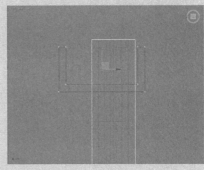

图 7-56 ／ 图 7-57

⑪ 执行"旋转"命令，将截面图形逆时针旋转 90°，如图 7-58 所示。

⑫ 在透视图中可以看到门框模型方向已经旋转过来，如图 7-59 所示。

图 7-58 ／ 图 7-59

⑬ 单击"矩形"按钮，在左视图中捕捉绘制矩形，如图 7-60 所示。

⑭ 为其添加"挤出"修改器，并设置挤出数量为 200mm，作为补充墙体，如图 7-61 所示。

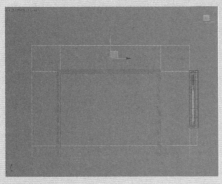
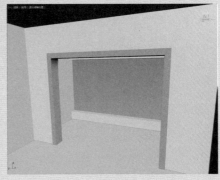

图 7-60 ／ 图 7-61

7.3 创建吊顶、墙面及踢脚线模型

场景中的吊顶和地面采用了田园风格中常用的造型，具体操作如下。

■ 7.3.1 创建吊顶模型

下面将介绍创建吊顶模型的具体操作方法。

01 创建吊顶模型。在顶视图中捕捉绘制矩形图形，如图 7-62 所示。

02 将其转换为可编辑样条线，进入"样条线"子层级，设置轮廓值为 500mm，如图 7-63 所示。

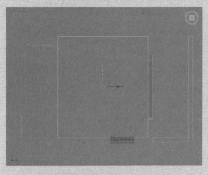

图 7-62

图 7-63

03 进入"顶点"子层级，选择所需要的点，如图 7-64 所示。

04 为其添加"挤出"修改器，设置挤出数量为 250mm，并调整模型位置，如图 7-65 所示。

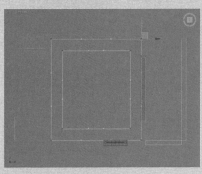

图 7-64

图 7-65

05 在顶视图中继续捕捉绘制矩形图形，如图 7-66 所示。

06 为其添加"挤出"修改器，设置挤出数量为10mm，如图7-67所示。

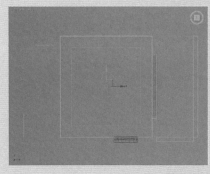
图 7-66

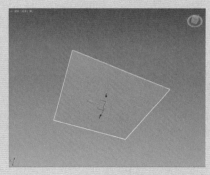
图 7-67

07 将其转换为可编辑多边形，进入"边"子层级，选择边，如图7-68所示。

08 在"编辑边"卷展栏中，单击"连接"设置按钮，设置连接边数为20，如图7-69所示。

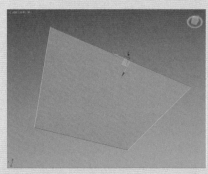
图 7-68

图 7-69

09 再单击"挤出"设置按钮，设置挤出高度为 -5mm，宽度为5mm，如图7-70所示。

10 将创建好的吊顶模型移动到房顶合适位置，如图7-71所示。

图 7-70

图 7-71

■ 7.3.2 创建踢脚线模型

下面将介绍创建踢脚线模型的具体操作方法。

01 创建踢脚线模型。在顶视图中单击"线"按钮，捕捉墙体绘制踢脚线路径，如图 7-72 所示。

02 在前视图中，单击"矩形"按钮，创建长为 80mm，宽为 12mm 的矩形图形，如图 7-73 所示。

图 7-72

图 7-73

03 将其转换为可编辑样条线，进入"顶点"子层级，选择顶点，如图 7-74 所示。

04 在"几何体"卷展栏中设置圆角值为 6mm，效果如图 7-75 所示。

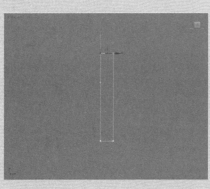

图 7-74

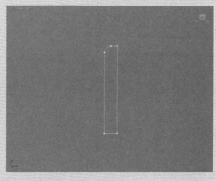

图 7-75

05 单击"放样"按钮，在"创建方法"卷展栏中单击"获取路径"按钮，在左视图中选择踢脚线路径，如图 7-76 所示。

06 将创建好的踢脚线移动到合适位置，如图 7-77 所示。

07 优化踢脚线。选择创建好的踢脚线，在"蒙皮参数"卷展栏中设置图形和路径步数均为 20，并勾选"优化图形"复选框，其余参数保持不变，如图 7-78 所示。

08 优化后的踢脚线如图 7-79 所示。

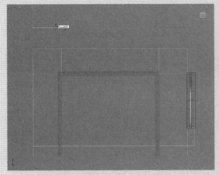

图 7-76

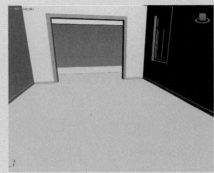

图 7-77

图 7-78

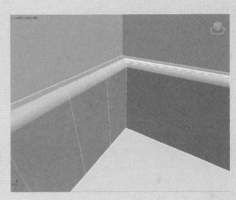

图 7-79

■ 7.3.3　创建墙面模型

下面将介绍创建墙面模型的具体操作方法。

01 选择墙体模型。进入"多边形"子层级，选择多边形，如图 7-80 所示。

02 在"编辑几何体"卷展栏中，单击"分离"按钮，打开"分离"对话框，输入分离为的名称，如图 7-81 所示。

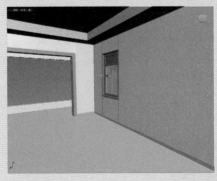

图 7-80

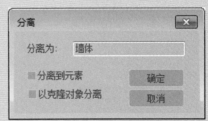

图 7-81

03 单击"确定"按钮，分离墙体，如图 7-82 所示。

04 按 Alt+Q 组合键，孤立墙体多边形，如图 7-83 所示。

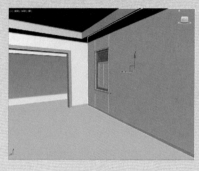 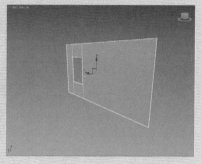

图 7-82   图 7-83

05 在前视图中，单击"矩形"按钮，捕捉绘制长度为 710mm 的矩形图形，并沿 Y 轴偏移 80mm，如图 7-84 所示。

06 为其添加"挤出"修改器，设置挤出值为 10mm，如图 7-85 所示。

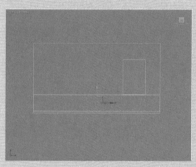 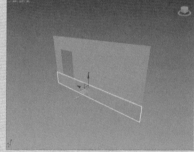

图 7-84   图 7-85

07 将其转换为可编辑多边形，进入"边"子层级，选择边，如图 7-86 所示。

08 在"编辑边"卷展栏中，单击"连接"设置按钮，设置连接数 1，如图 7-87 所示。

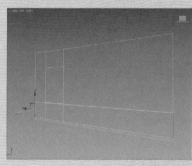 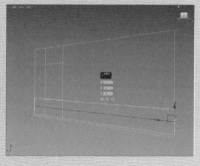

图 7-86   图 7-87

09 调整边的高度，如图 7-88 所示。

10 进入"多边形"子层级，选择多边形，如图 7-89 所示。

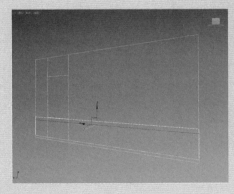
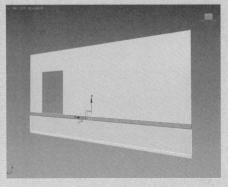

图 7-88　　　　　　　　　　　　　　图 7-89

11 在"编辑边"卷展栏中，单击"挤出"设置按钮，设置挤出值为 15mm，如图 7-90 所示。

12 进入"边"子层级，选择边，如图 7-91 所示。

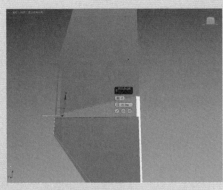

图 7-90　　　　　　　　　　　　　　图 7-91

13 在"编辑边"卷展栏中，单击"切角"设置按钮，设置切角量为 5mm，制作出墙板模型，如图 7-92 所示。

14 在"边"子层级中选择边，如图 7-93 所示。

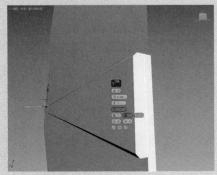

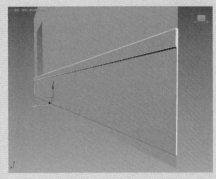

图 7-92　　　　　　　　　　　　　　图 7-93

15 在"编辑边"卷展栏中，单击"连接"设置按钮，设置连接数为45，如图7-94所示。

16 在"编辑边"卷展栏中，单击"挤出"设置按钮，设置挤出高度值为–3mm，宽度值为3mm，制作出墙板模型，如图7-95所示。

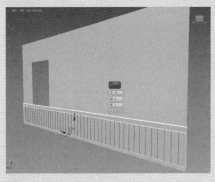

图7-94

图7-95

17 取消孤立，制作出的效果如图7-96所示。

图7-96

7.4　创建室内物品模型

本小节将介绍沙发模型及茶几模型的制作，具体操作如下。

■ 7.4.1　创建沙发模型

下面将介绍创建沙发模型的具体操作方法。

01 单击"长方体"按钮，创建820mm×2500mm×250mm的长方体，设置长度和宽度分段均为5，高度为3，如图7-97所示。

02 将其转换为可编辑多边形，进入"边"子层级，选择边，如图7-98所示。

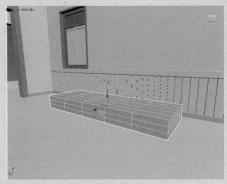
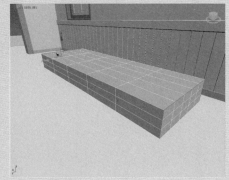

图 7-97   图 7-98

03 在"编辑边"卷展栏中,单击"切角"设置按钮,设置切角值为 5mm,如图 7-99 所示。

04 进入"多边形"子层级,选择多边形,如图 7-100 所示。

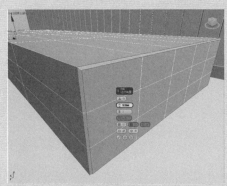
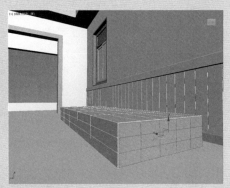

图 7-99   图 7-100

05 在"编辑边"卷展栏中,单击"挤出"设置按钮,设置挤出高度为 3mm,如图 7-101 所示。

06 进入"顶点"子层级,调整顶点位置以调整多边形形状,如图 7-102 所示。

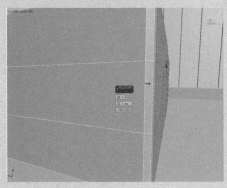
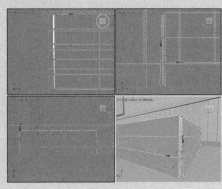

图 7-101   图 7-102

07 按照相同的方法制作其他三面的沙发裙模型，如图 7-103 所示。

08 为其添加"细分"修改器，在"参数"卷展栏中设置细分大小值为 50mm，如图 7-104 所示。

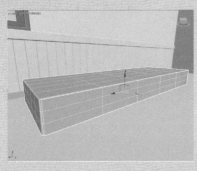
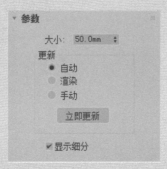

图 7-103   图 7-104

09 细分后的模型如图 7-105 所示。

10 再添加一个"网格平滑"修改器，在"细分量"卷展栏中设置平滑度为 0.1，如图 7-106 所示。

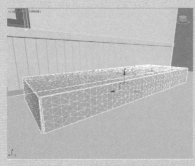
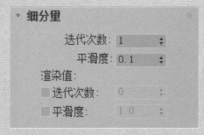

图 7-105   图 7-106

11 网格平滑后的模型，如图 7-107 所示。

12 单击"切角长方体"按钮，创建长度为 665mm，宽度为 2150mm，高度为 60mm，圆角为 10mm 的切角长方体，并调整到合适位置，如图 7-108 所示。

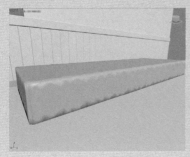
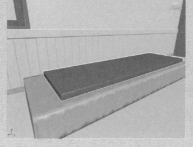

图 7-107   图 7-108

13 在前视图中，单击"线"按钮，绘制沙发扶手轮廓，如图7-109所示。

14 进入修改命令面板，在"顶点"子层级中，将顶点类型设置为Bezier角点，调整控制柄以调整样条线轮廓，如图7-110所示。

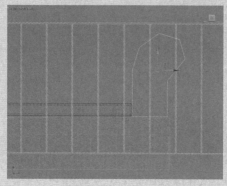 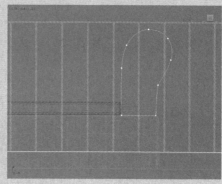

图 7-109   图 7-110

15 为其添加"挤出"修改器，设置挤出数量为600mm、分数段为10，调整模型位置，如图7-111所示。

16 将其转换为可编辑多边形，进入"边"子层级，选择边，如图7-112所示。

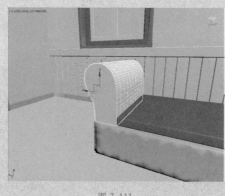 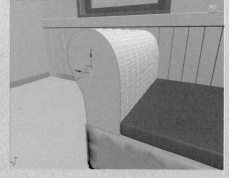

图 7-111   图 7-112

17 在"编辑边"卷展栏中，单击"切角"设置按钮，设置切角量为5mm，如图7-113所示。

18 执行"镜像"命令，将沙发扶手模型复制到另一侧，如图7-114所示。

19 按照上述相同的方法创建沙发靠背模型，并设置挤出数量为2500mm，如图7-115所示。

20 将其转换为可编辑多边形，进入"边"子层级，选择边，如图7-116所示。

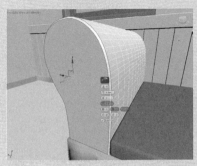

图 7-113

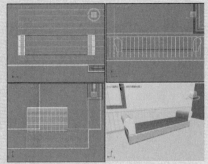

图 7-114

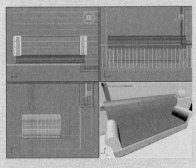

图 7-115

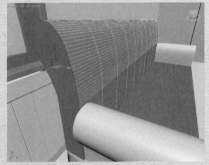

图 7-116

21 在"编辑边"卷展栏中,单击"切角"设置按钮,设置切角量为 5mm,如图 7-117 所示。

22 退出"边"子层级,在"编辑几何体"卷展栏中,单击"附加"按钮,附加两侧扶手模型,使其成为一个整体,如图 7-118 所示。

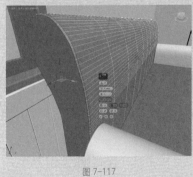

图 7-117

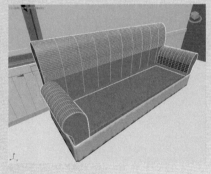

图 7-118

23 为其添加"网格平滑"修改器,参数设置保持默认,如图 7-119 所示。

24 创建坐垫模型。单击"切角长方体"按钮,创建切角长方体,设置长度为 665mm,宽度为 700mm,高度为 120mm,高度为 10mm,长度分段为 5,宽度分段为 10,如图 7-120 所示。

图 7-119

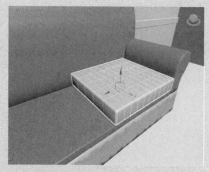
图 7-120

㉕ 为其添加 FFD3×3×3 修改器，如图 7-121 所示。

㉖ 进入"控制点"子层级，选择控制点，调整模型形状，如图 7-122 所示。

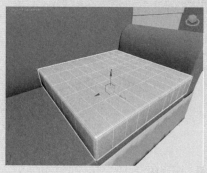
图 7-121

图 7-122

㉗ 孤立模型形状。在顶视图中单击"截面"按钮，绘制一个截面并移动到合适位置，如图 7-123 所示。

㉘ 进入修改命令面板，在"截面参数"卷展栏中单击"创建图形"按钮，创建截面图形，如图 7-124 所示。

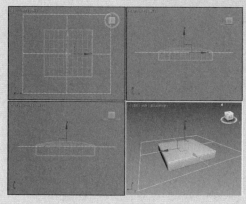
图 7-123

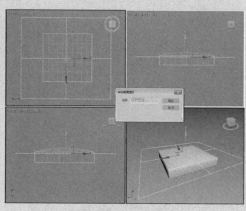
图 7-124

29 选择创建的截面，在"渲染"参数卷展栏中勾选"在渲染中启用"和"在视口中启用"复选框，并设置径向厚度为4mm，如图 7-125 所示。

30 将创建好的模型向下复制，如图 7-126 所示。

图 7-125   图 7-126

31 取消孤立，复制坐垫模型，如图 7-127 所示。

32 在顶视图中单击"长方体"按钮，创建长度为 700mm，宽度为 700nn，高度为 20mm，长度和宽度各为 3mm 的长方体，如图 7-128 所示。

图 7-127

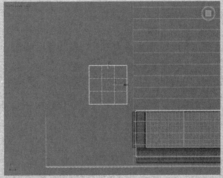

图 7-128

33 将其转换为可编辑多边形，进入"顶点"子层级，调整顶点位置，如图 7-129 所示。

34 进入"多边形"子层级，选择下方的多边形，如图 7-130 所示。

35 在"编辑多边形"卷展栏中单击"挤出"设置按钮，设置挤出值为 120mm，如图 7-131 所示。

36 进入"顶点"子层级，调整顶点改变四条腿的轮廓，如图 7-132 所示。

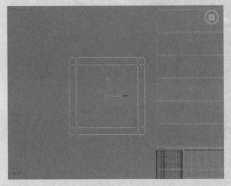

图 7-129

图 7-130

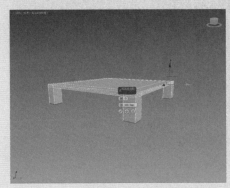

图 7-131

图 7-132

37 进入"边"子层级，选择边，如图 7-133 所示。

38 在"编辑边"卷展栏中单击"切角"设置按钮，设置边切角量为 3mm，如图 7-134 所示。

图 7-133

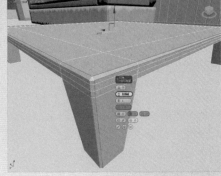

图 7-134

39 复制沙发坐垫模型，并调整模型大小，如图 7-135 所示。

40 复制沙发凳模型，如图 7-136 所示。

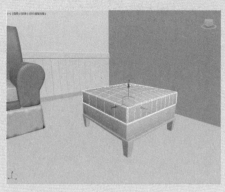

图 7-135

图 7-136

■ 7.4.2　创建沙发边几模型

下面将介绍创建沙发边几模型的具体操作方法。

01 在顶视图中单击"长方体"按钮，创建长度为 420mm，宽度为 600mm，高度为 20mm，长度和宽度分段数为 3 的长方体，如图 7-137 所示。

02 将其转换为可编辑多边形，进入"顶点"子层级，调整顶点，如图 7-138 所示。

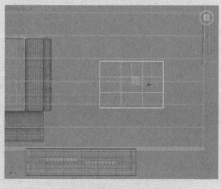

图 7-137

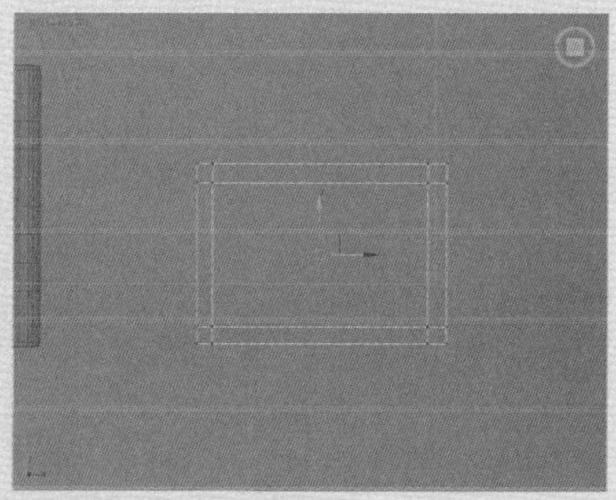

图 7-138

03 进入"多边形"子层级，选择多边形，如图 7-139 所示。

04 在"编辑多边形"卷展栏中单击"挤出"设置按钮，设置挤出值为 550mm，如图 7-140 所示。

05 在顶视图中，单击"矩形"按钮，捕捉绘制矩形图形，如图 7-141 所示。

06 将其转换为可编辑样条线，进入"样条线"子层级，设置轮廓值为 7.5mm，如图 7-142 所示。

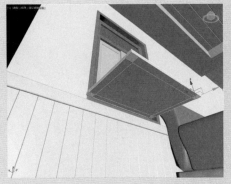
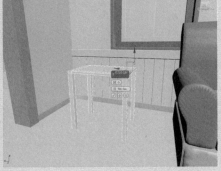

图 7-139 图 7-140

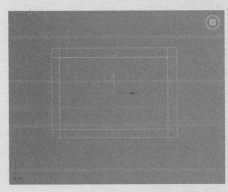

图 7-141 图 7-142

07 添加"挤出"修改器,设置挤出值为 15mm,调整到合适位置,如图 7-143 所示。

08 复制模型,如图 7-144 所示。

图 7-143 图 7-144

09 单击"长方体"按钮,创建长为 440mm,宽为 620mm,高度为 20mm 的长方体作为沙发边几的台面,如图 7-145 所示。

10 转换为可编辑多边形,进入"多边形"子层级,选择多边形,如图 7-146 所示。

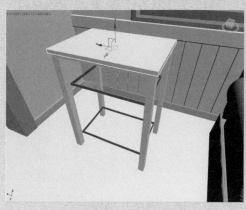

图 7-145 图 7-146

11 在"编辑多边形"卷展栏中单击"插入"设置按钮,设置插入数值为 50mm,如图 7-147 所示。

12 在"编辑几何体"卷展栏中,单击"附加"按钮,附加选择其他部分的模型,使其成为一个整体,如图 7-148 所示。

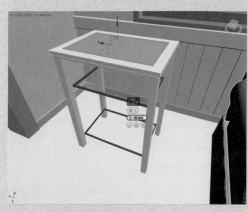
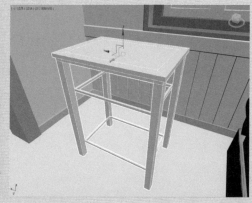

图 7-147 图 7-148

13 将边几模型复制到沙发的另一侧,如图 7-149 所示。

图 7-149

■ 7.4.3　创建茶几模型

下面将介绍创建茶几模型的操作方法。

01 在顶视图中单击"长方体"按钮，创建长度为 800mm，宽度为 1500mm，高度为 20mm 的长方体，如图 7-150 所示。

02 向上复制模型，并调整长度为 850mm，宽度为 1540mm，高度为 30mm，高度分段数为 2，如图 7-151 所示。

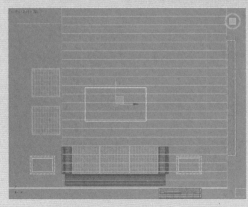
图 7-150

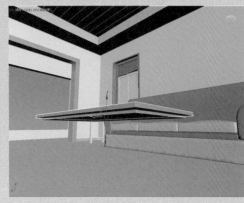
图 7-151

03 将其转换为可编辑多边形，进入"顶点"子层级，调整顶点位置，如图 7-152 所示。

04 进入"多边形"子层级，选择多边形，如图 7-153 所示。

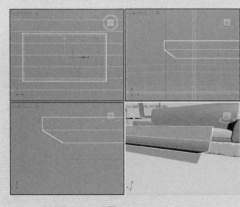
图 7-152

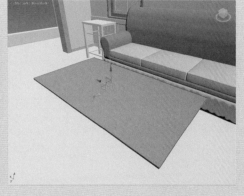
图 7-153

05 在"编辑多边形"卷展栏中单击"插入"设置按钮，设置插入值为 60mm，如图 7-154 所示。

06 进入"边"子层级，选择边，如图 7-155 所示。

07 在"编辑边"卷展栏中单击"挤出"设置按钮，设置挤出高度为 −1mm，宽度为 1mm，如图 7-156 所示。

08 在顶视图单击"圆柱体"按钮，创建半径 12mm，高度为

400mm，高度分段为 1 的圆柱体，并将其进行复制，作为茶几腿模型，如图 7-157 所示。

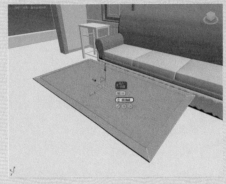

图 7-154

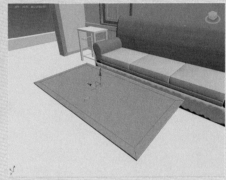

图 7-155

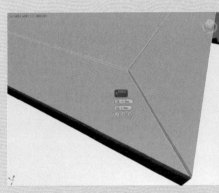

图 7-156

图 7-157

09 在顶视图中单击"矩形"按钮，捕捉圆柱体顶面圆心绘制矩形图形，如图 7-158 所示。

10 进入修改命令面板，在"参数"卷展栏中勾选"在渲染中启用""在视口中启用"复选框，设置径向厚度为 15mm，并调整图形位置，如图 7-159 所示。

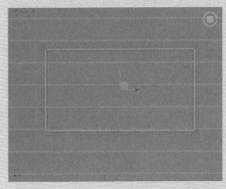

图 7-158

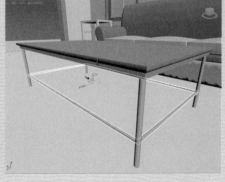

图 7-159

11 在顶视图中单击"长方体"按钮，创建长度为 750mm，宽度为 1450mm，高度为 10mm 的长方体，完成茶几模型的创建，如图 7-160 所示。

12 继续创建长度为 2200mm，宽度为 2600mm，高度为 10mm 的长方体作为地毯模型，如图 7-161 所示。

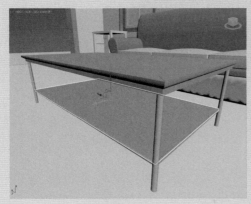

图 7-160

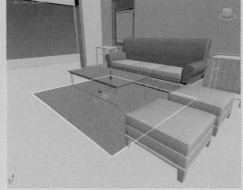

图 7-161

7.5 合并成品模型

下面直接合并下载好的灯具、抱枕、装饰品等成品模型，以提高建模效率，具体操作如下。

01 执行"文件"｜"导入"｜"合并"命令，在弹出的"文件另存为"对话框中选择窗帘模型，如图 7-162 所示。

02 将窗帘模型合并到当前场景中，调整模型大小并复制多个，再调整位置，如图 7-163 所示。

图 7-162

图 7-163

03 继续导入灯具、抱枕等模型，完成本场景模型的创建，如图 7-164 所示。

04 将创建好的模型赋予材质并进行渲染，效果如图 7-165 所示。完成客厅场景模型的创建。

图 7-164

图 7-165

第 8 章

创建卧室场景模型

本章概述 SUMMARY

本章中创建的是一个中式卧室，在全部建模过程中，包括双人床、床头柜、脚凳、电视机等模型的制作。为了保证整体效果的完整性和美观性，最后还导入部分成品模型，整体呈现出温馨、舒适的家的感觉。

■ 学习目标

通过对本章内容的学习，能够让读者掌握创建卧室场景的操作方法。

■ 要点难点

  √ 创建卧室主体建筑   √ 创建飘窗窗户模型
  √ 创建双人床模型   √ 创建床头柜模型

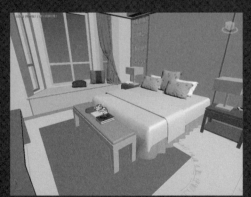

◎创建卧室场景模型   ◎渲染卧室场景效果

8.1 创建卧室主体模型

　　本场景为一个简约的中式风格卧室，并且中式元素融合了现代的简约大方的风格，下面将创建卧室主体建筑模型，具体操作如下。

01 启动 3ds max 软件，执行"自定义"｜"单位设置"命令，打开"单位设置"对话框，设置公制单位为毫米，如图 8-1 所示。

02 单击"系统单位设置"按钮，打开"系统单位设置"对话框，设置系统单位比例为"毫米"，设置完成后依次单击"确定"按钮，关闭对话框，如图 8-2 所示。

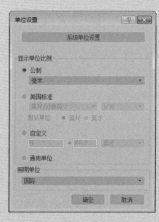
图 8-1

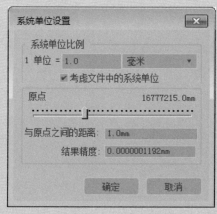
图 8-2

03 执行"导入"命令，在打开的"选择要导入的文件"对话框中选择所需文件，导入卧室 CAD 平面图，如图 8-3 所示。

04 将平面图导入当前视图中，如图 8-4 所示。

图 8-3

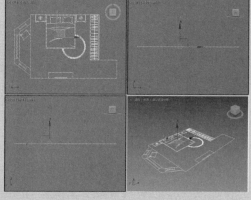
图 8-4

05 单击鼠标右键，在弹出的快捷菜单中选择"冻结当前选择"选项，如图 8-5 所示。

06 冻结后的效果如图 8-6 所示。

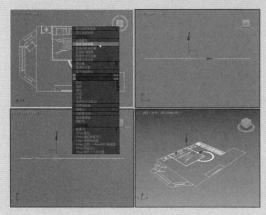

图 8-5

图 8-6

07 鼠标右键单击"捕捉"开关按钮，打开"栅格和捕捉设置"对话框，在"捕捉"选项卡中设置捕捉选项，如图 8-7 所示。

08 在"选项"选项卡中勾选"捕捉到冻结对象"复选框，设置完成后激活"捕捉开关"按钮，如图 8-8 所示。

图 8-7

图 8-8

09 单击"线"按钮，在顶视图中捕捉绘制墙体线，如图 8-9 所示。

10 关闭"捕捉开关"按钮，为其添加"挤出"修改器，设置挤出值为 3000mm，效果如图 8-10 所示。

11 单击鼠标右键，在弹出的快捷菜单中将其转换为可编辑多边形，如图 8-11 所示。

12 进入"边"子层级，选择两条边，如图 8-12 所示。

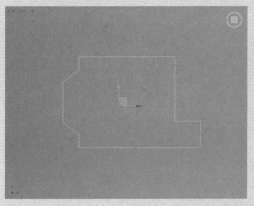

图 8-9

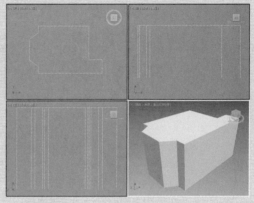

图 8-10

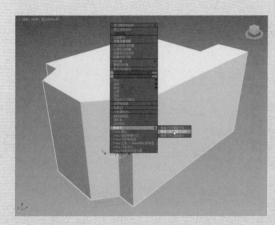

图 8-11

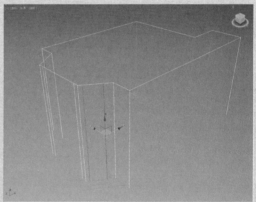

图 8-12

13 在"编辑边"卷展栏中单击"连接"按钮，设置连接边数为2，连接边，如图 8-13 所示。

14 单击"确定"按钮，调整两条线的高度分别为 800mm、2300mm，如图 8-14 所示。

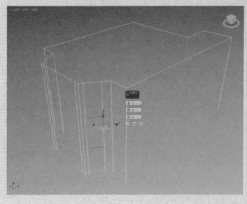

图 8-13

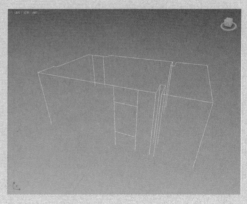

图 8-14

15 按照相同的方法，创建阳台位置的窗户，并调整两条边的高度分别为 550mm、2650mm，如图 8-15 所示。

16 再创建并调整另外两侧的边，如图 8-16 所示。

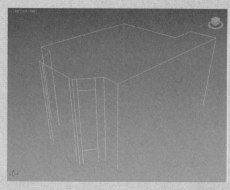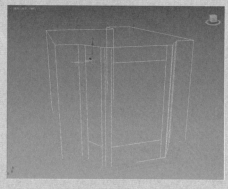

图 8-15   图 8-16

17 进入"多边形"子层级，选择多边形，如图 8-17 所示。

18 在"编辑多边形"卷展栏中单击"挤出"设置按钮，设置挤出值为 300mm，如图 8-18 所示。

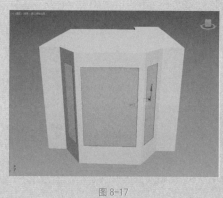

图 8-17   图 8-18

19 选择挤出的面，按 Delete 键将其删除，如图 8-19 所示。

20 按 Ctrl+A 组合键全选所有多边形，如图 8-20 所示。

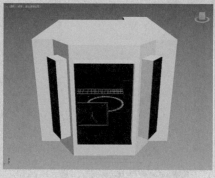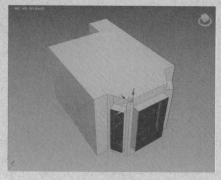

图 8-19   图 8-20

㉑ 在"编辑多边形"卷展栏中，单击"翻转"按钮，如图 8-21
所示。

㉒ 在视口中单击鼠标右键，在弹出的快捷菜单中，选择"对
象属性"命令，如图 8-22 所示。

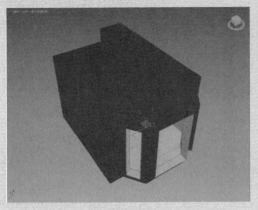

图 8-21

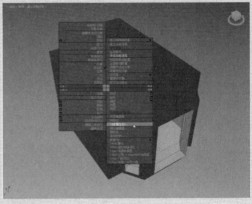

图 8-22

㉓ 在打开的"对象属性"对话框中勾选"背面消隐"复选框，
如图 8-23 所示。

㉔ 单击"确定"按钮，即可看到消隐后的效果，如图 8-24
所示。

图 8-23

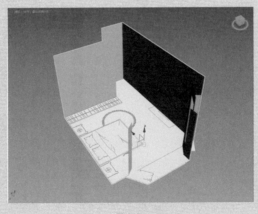

图 8-24

㉕ 在顶视图中单击"线"按钮，捕捉绘制样条线，如图 8-25
所示。

㉖ 为其添加"挤出"修改器，设置挤出值为 500mm，如图 8-26
所示。

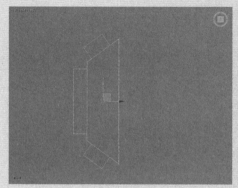

图 8-25

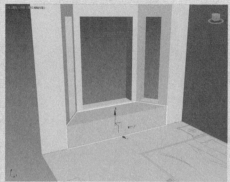

图 8-26

8.2　创建飘窗窗户模型

　　场景中的窗户为梯形的飘窗造型，有三面窗户，采光效果好，接下来将创建飘窗模型，具体操作如下。

01 创建飘窗窗台。在顶视图中单击"线"按钮，捕捉绘制样条线，如图 8-27 所示。

02 为其添加"挤出"修改器，设置挤出值为 40mm，将其调整到合适位置，如图 8-28 所示。

图 8-27

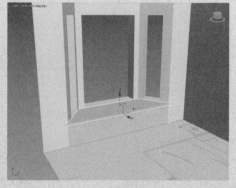

图 8-28

03 将其转换为可编辑多边形，进入"边"子层级，选择边，如图 8-29 所示。

04 在"编辑边"卷展栏中单击"切角"设置按钮，设置边切角量为 5mm，如图 8-30 所示。

05 创建窗户模型。在左视图中单击"矩形"按钮，捕捉绘制矩形，如图 8-31 所示。

06 将其转换为可编辑样条线，在"样条线"子层级的"几何体"卷展栏中单击"轮廓"按钮，设置轮廓值为60mm，如图8-32所示。

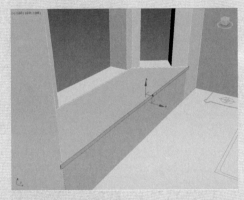

图 8-29

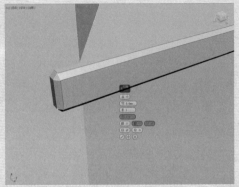

图 8-30

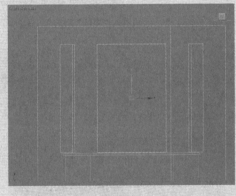

图 8-31

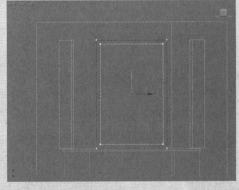

图 8-32

07 进入"顶点"子层级，调整点的位置，如图8-33所示。

08 进入"样条线"子层级，选择样条线，复制图形，再进入"顶点"子层级调整样条线，如图8-34所示。

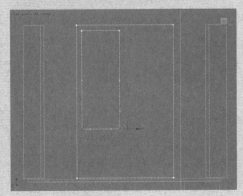

图 8-33

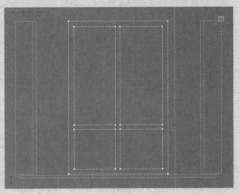

图 8-34

09 为其添加"挤出"修改器，设置挤出值为 60mm，调整模型到合适位置，如图 8-35 所示。

10 在左视图中单击"矩形"按钮，创建长度为 2100mm，宽度为 500mm 的矩形，如图 8-36 所示。

图 8-35

图 8-36

11 将其转换为可编辑样条线，进入"样条线"子层级，在"几何体"卷展栏中单击"轮廓"按钮，设置轮廓值为 60mm，如图 8-37 所示。

12 进入"顶点"子层级，调整顶点的位置，如图 8-38 所示。

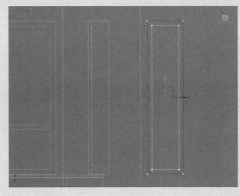
图 8-37

图 8-38

13 进入"样条线"子层级，选择样条线，复制图形，再进入"顶点"子层级调整样条线，如图 8-39 所示。

14 为其添加"挤出"修改器，设置挤出值为 60mm，在顶视图中旋转角度，并调整到合适位置，如图 8-40 所示。

15 镜像复制创建好的窗户图形，调整位置，完成窗户模型的创建，如图 8-41 所示。

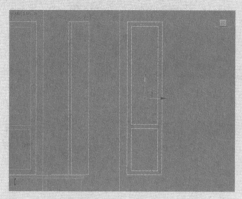

图 8-39

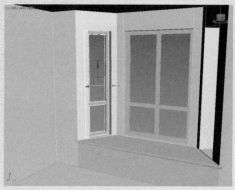

图 8-40

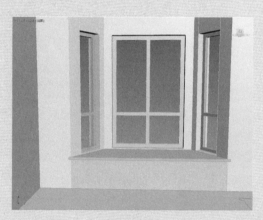

图 8-41

8.3　创建吊顶及墙面造型

　　室内场景的亮点主要体现在吊顶及墙面造型，不仅可以美化室内环境，还可以营造出非富多彩的室内空间艺术形象。下面来介绍场景中吊顶和墙面的具体制作过程。

■ 8.3.1　创建吊顶造型

　　场景中的吊顶制作较为简单，主要运用样条线以及设置样条线参数制作而成，下面将介绍创建吊顶造型的具体操作方法：

01 创建吊顶模型。在顶视图中捕捉绘制矩形图形，如图 8-42 所示。

02 将其转换为可编辑样条线，进入"样条线"子层级，设置轮廓值为 100mm，如图 8-43 所示。

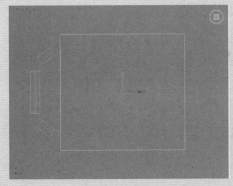

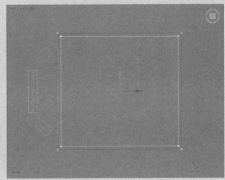

图 8-42　　　　　　　　　　　　　　　图 8-43

03 为其添加"挤出"修改器，设置挤出值为 500mm，调整模型位置，如图 8-44 所示。

04 将其转换为可编辑多边形，进入"边"子层级，选择两条边，如图 8-45 所示。

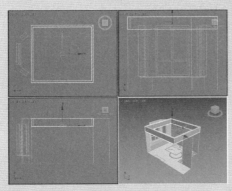

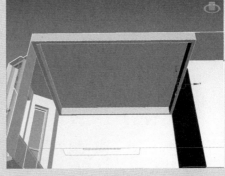

图 8-44　　　　　　　　　　　　　　　图 8-45

05 在顶视图中单击"矩形"按钮，捕捉绘制矩形，如图 8-46 所示。

06 为其添加"挤出"修改器，设置挤出值为 350mm，如图 8-47 所示。

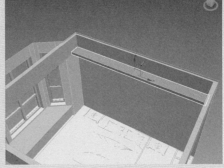

图 8-46　　　　　　　　　　　　　　　图 8-47

07 在顶视图中单击"圆柱体"按钮，创建半径为 80mm，高度为 10mm 的圆柱体作为射灯，如图 8-48 所示。

08 复制射灯模型，如图 8-49 所示。

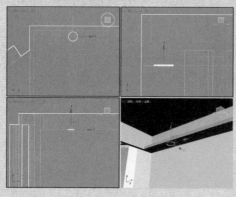 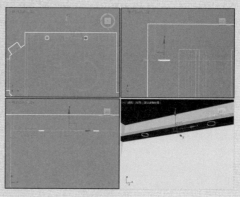

图 8-48　　　　　　　　　　　　　　　　　图 8-49

■ 8.3.2　创建墙面造型

下面介绍创建墙面造型的具体操作方法。

01 在顶视图单击"矩形"按钮，创建长度为 20mm，宽度为 500mm，圆角为 5mm 的矩形，如图 8-50 所示。

02 为其添加"挤出"修改器，设置挤出值为 2700mm，调整模型的位置，如图 8-51 所示。

 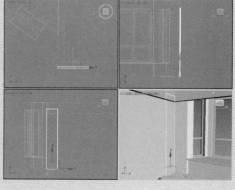

图 8-50　　　　　　　　　　　　　　　　　图 8-51

03 复制模型，并调整矩形的长度，如图 8-52 所示。

04 再复制到模型的另一侧，调整尺寸及位置，如图 8-53 所示。

05 孤立墙体与床头背景墙，如图 8-54 所示。

06 在前视图中单击"矩形"按钮，捕捉绘制矩形，如图 8-55 所示。

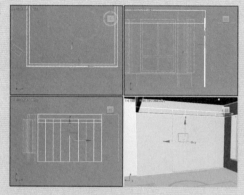

图 8-52

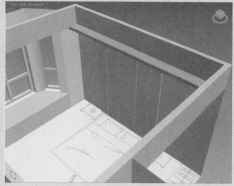

图 8-53

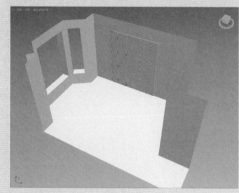

图 8-54

图 8-55

07 将其转换为可编辑样条线，进入"样条线"子层级，选择样条线，在"几何体"卷展栏中单击"轮廓"按钮，设置轮廓值为 15mm，如图 8-56 所示。

08 为其添加"挤出"修改器，设置挤出值为 50mm，制作出框架，如图 8-57 所示。

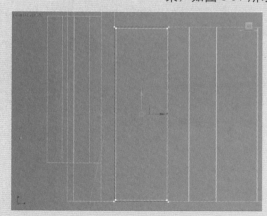

图 8-56

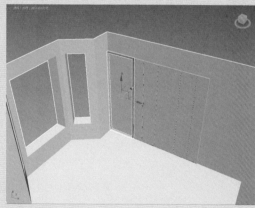

图 8-57

09 在前视图中单击"矩形"按钮，绘制长度为 320mm，宽度为 135mm 的矩形，如图 8-58 所示。

10 将其转换为可编辑样条线，进入"样条线"子层级，在"几何体"卷展栏中设置轮廓值为 20mm，如图 8-59 所示。

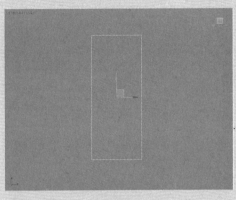

图 8-58

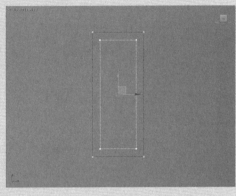

图 8-59

11 为其添加"挤出"修改器，设置挤出值为 20mm，调整到大框架合适位置，如图 8-60 所示。

12 复制框架，如图 8-61 所示。

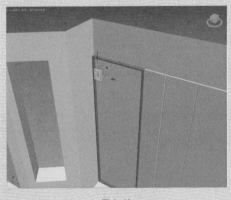

图 8-60

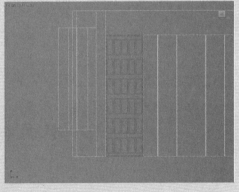

图 8-61

13 继续在前视图创建长度为 140mm，宽度为 100mm 的矩形，如图 8-62 所示。

14 将其转换为可编辑样条线，进入"样条线"子层级，在"几何体"卷展栏中设置轮廓值为 10mm，如图 8-63 所示。

15 为其添加"挤出"修改器，设置挤出值为 8mm，调整到合适位置，如图 8-64 所示。

16 复制框架，完成一扇屏风模型的制作，如图 8-65 所示。

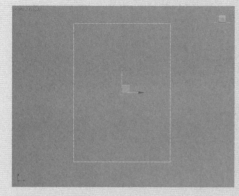
图 8-62

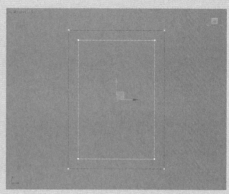

图 8-63

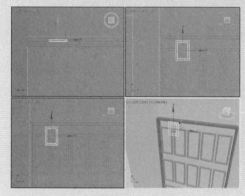
图 8-64

图 8-65

17 全选框架模型，执行"组"｜"组"命令，打开"组"对话框，输入组名，如图 8-66 所示。

18 单击"确定"按钮，关闭对话框复制屏风到另一侧，并取消当前孤立，如图 8-67 所示。

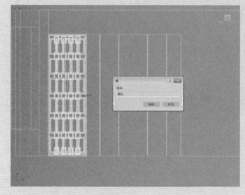
图 8-66

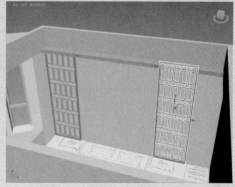
图 8-67

8.4 创建家具模型

本场景中需要制作的家具模型较多，通过这些模型的制作可以加强对之前所学知识的理解，具体操作如下。

■ 8.4.1 创建双人床模型

场景中的双人床模型分为床裙、床垫、被子、床尾巾等，下面分别进行模型的具体制作。

01 在顶视图中，单击"长方体"按钮，创建 2000mm×1800mm×320mm 的长方体，设置长度和宽度分段均为 20，如图 8-68 所示。

02 将其转换为可编辑多边形，进入"边"子层级，选择边，如图 8-69 所示。

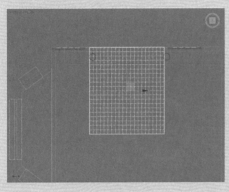

图 8-68

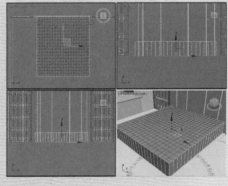

图 8-69

03 在"编辑边"卷展栏中，单击"移除"按钮，将边移除，如图 8-70 所示。

04 进入"多边形"子层级，选择多边形，单击"倒角"设置按钮，设置倒角高度为 10mm，倒角轮廓为 -10mm，如图 8-71 所示。

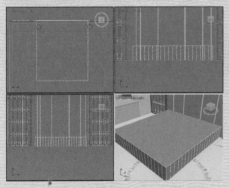

图 8-70

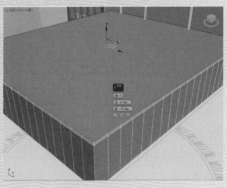

图 8-71

05 再次单击"倒角"设置按钮，设置倒角高度为 10mm，倒角轮廓为 −5mm，如图 8-72 所示。

06 对模型进行孤立，将视角转到床头的另一侧，进入"边"子层级，选择边，如图 8-73 所示。

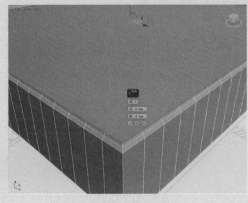

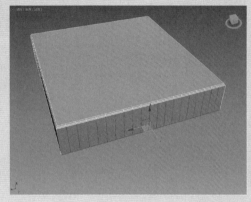

图 8-72   图 8-73

07 按 Delete 键删除边，如图 8-74 所示。

08 进入"顶点"子层级，选择顶点，如图 8-75 所示。

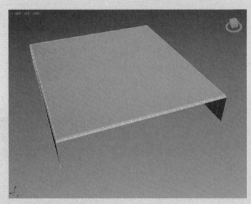

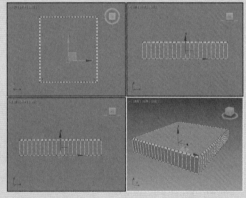

图 8-74   图 8-75

09 单击"选择并均匀缩放"按钮，在顶视图中对选中的顶点进行缩放，如图 8-76 所示。

10 对顶点进行调整，如图 8-77 所示。

11 单击鼠标右键，在弹出的快捷菜单中选择"NURMS 切换"命令，设置迭代次数为 1，如图 8-78 所示。

12 在顶视图中单击"切角长方体"按钮，创建长度为 1980mm，宽度为 1780mm，高度为 200mm 的长方体，圆角为 40mm，长度分段为 6，如图 8-79 所示。

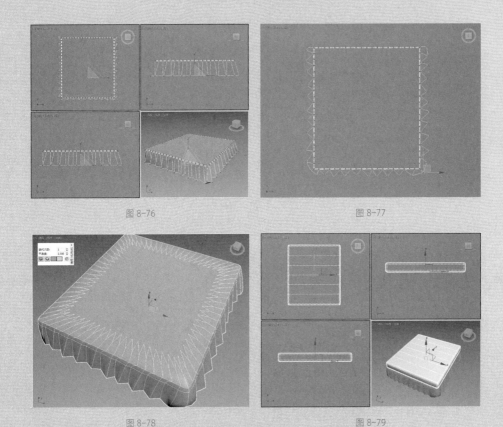

图 8-76

图 8-77

图 8-78

图 8-79

13 在前视图中单击"线"按钮，创建样条线，如图 8-80 所示。

14 进入"顶点"子层级，设置顶点类型 Bezier 角点，调整控制柄，如图 8-81 所示。

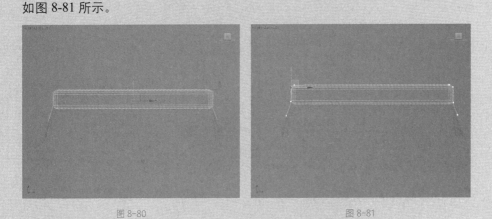

图 8-80

图 8-81

15 进入"样条线"子层级，在"几何体"卷展栏中设置轮廓值为 20mm，如图 8-82 所示。

16 为其添加"挤出"效果，设置挤出数量为 1980mm，如图 8-83 所示。

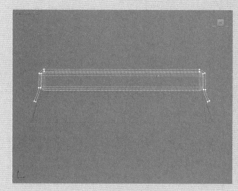
图 8-82

图 8-83

17 将模型转换为可编辑多边形，进入"多边形"子层级，选择多边形，如图 8-84 所示。

18 在"编辑多边形"卷展栏中单击"挤出"设置按钮，设置挤出值为 20mm，如图 8-85 所示。

图 8-84

图 8-85

19 进入"顶点"子层级，在左视图中调整顶点的位置，如图 8-86 所示。

20 进入"多边形"子层级，选择多边形，如图 8-87 所示。

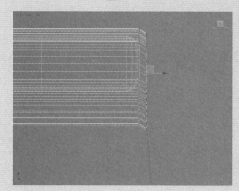
图 8-86

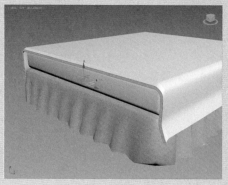
图 8-87

21 再次单击"挤出"设置按钮，设置挤出值为40mm，如图8-88所示。

22 进入"顶点"子层级，调整顶点，如图8-89所示。

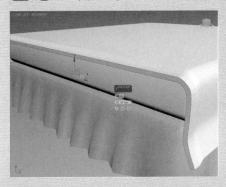

图 8-88

图 8-89

23 继续选择多边形并挤出数量为90mm，如图8-90所示。

24 通过调整顶点调整模型，如图8-91所示。

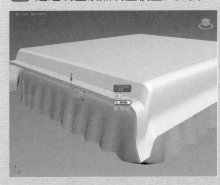

图 8-90

图 8-91

25 在"顶点"子层级中单击鼠标右键，在弹出的快捷菜单中选择"剪切"命令，剪切多边形，如图8-92所示。

26 再次调整顶点，如图8-93所示。

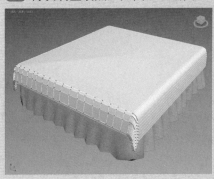

图 8-92

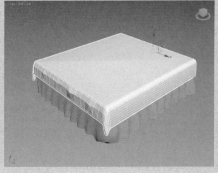

图 8-93

㉗ 为其添加"挤出"修改器,在"参数"卷展栏中勾选"自动平滑"复选框,设置阈值30,如图8-94所示。

㉘ 平滑后的效果如图8-95所示。

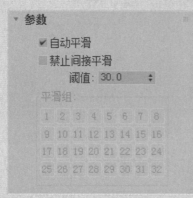

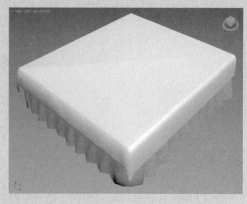

图8-94

图8-95

㉙ 在前视图中单击"线"按钮,创建样条线,如图8-96所示。

㉚ 进入"顶点"子层级,设置类型为Bezier角点,调整控制柄,如图8-97所示。

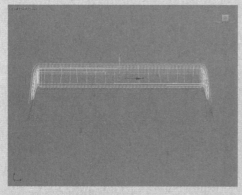

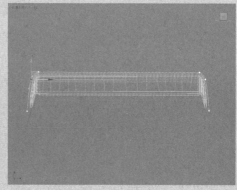

图8-96

图8-97

㉛ 进入"样条线"子层级,设置轮廓值为20mm,如图8-98所示。

㉜ 进入"顶点"子层级,在"几何体"卷展栏中单击"圆角"设置按钮,设置圆角半径为10mm,对两侧的顶点进行圆角操作,如图8-99所示。

㉝ 为其添加"挤出"修改器,设置挤出值为500mm,分段数为4,如图8-100所示。

㉞ 转换为可编辑多边形,进入"多边形"子层级,选择多边形,如图8-101所示。

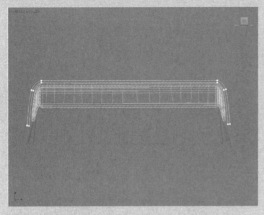

图 8-98

图 8-99

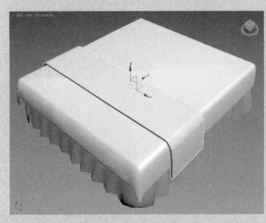

图 8-100

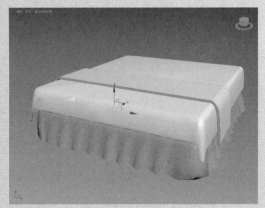

图 8-101

35 在"编辑多边形"卷展栏中单击"倒角"设置按钮，设置倒角高度为 5mm，轮廓为 -5mm，如图 8-102 所示。

36 为其添加"平滑"修改器，勾选"自动平滑"复选框，设置阈值为 60，并取消当前孤立，如图 8-103 所示。

图 8-102

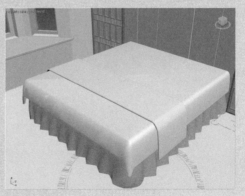

图 8-103

■ 8.4.2　创建床头柜模型

床头柜造型简单大方，但是制作起来稍微复杂，需要利用多边形建模中的多个操作命令进行创建，下面将介绍创建床头柜模型的具体操作方法。

01 在顶视图中单击"长方体"按钮，创建长度为 420mm，宽度为 650mm，高度为 120mm 的长方体，如图 8-104 所示。

02 将其转换为可编辑多边形，进入"边"子层级，全选所有的边，如图 8-105 所示。

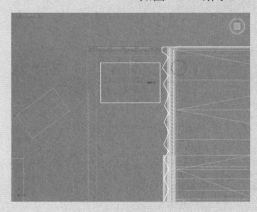
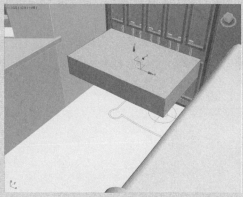

图 8-104　　　　　　　　　　　　　　　　　　图 8-105

03 在"编辑边"卷展栏中，单击"切角"设置按钮，设置切角量为 0.5mm，如图 8-106 所示。

04 向上复制模型，调整间距为 20mm，并进入"顶点"子层级，调整复制后长方体的高度，如图 8-107 所示。

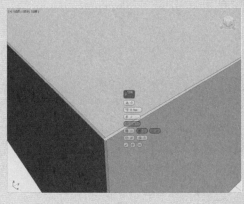

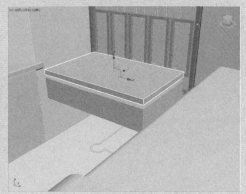

图 8-106　　　　　　　　　　　　　　　　　　图 8-107

05 进入"多边形"子层级，选择多边形，如图 8-108 所示。

06 在"编辑多边形"卷展栏中单击"插入"设置按钮，设置插入值为 19.5，如图 8-109 所示。

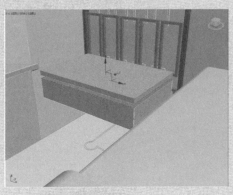

图 8-108

图 8-109

07 单击"挤出"设置按钮，设置挤出值为20mm，如图8-110所示。

08 在"编辑几何体"卷展栏中，单击"附加"按钮，附加选择上方的模型，使其成为一个整体，如图8-111所示。

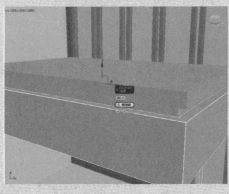

图 8-110

图 8-111

09 进入"多边形"子层级，选择多边形，如图8-112所示。

10 在"编辑多边形"卷展栏中，单击"插入"设置按钮，设置插入值为50mm，如图8-113所示。

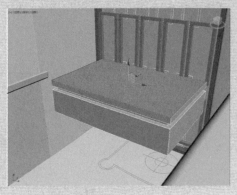

图 8-112

图 8-113

11 进入"边"子层级，选择边，如图 8-114 所示。

12 在"编辑边"卷展栏中，单击"切角"设置按钮，设置切角量为 0.5mm，如图 8-115 所示。

图 8-114

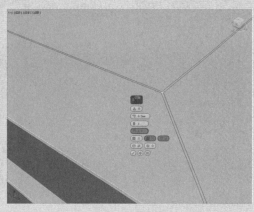

图 8-115

13 进入"多边形"子层级，选择多边形，如图 8-116 所示。

14 在"编辑边"卷展栏中，单击"挤出"设置按钮，设置挤出值为 -0.5mm，如图 8-117 所示。

图 8-116

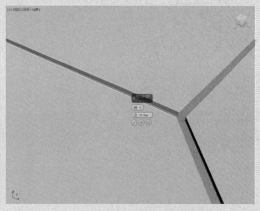

图 8-117

15 在顶视图单击"长方体"按钮，创建长度为 420mm，宽度为 650mm，高度为 25mm 的长方体，设置长度和宽度分段数均为 3，如图 8-118 所示。

16 将其转换为可编辑多边形，进入"顶点"子层级，在顶视图中调整顶点的位置，如图 8-119 所示。

17 进入"多边形"子层级，选择多边形，如图 8-120 所示。

18 在"编辑多边形"卷展栏中单击"挤出"设置按钮，设置挤出值为 325mm，如图 8-121 所示。

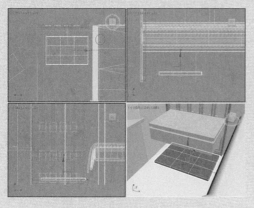

图 8-118

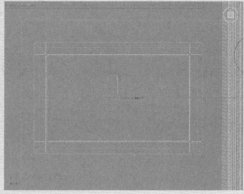

图 8-119

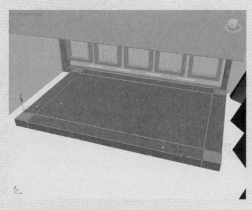

图 8-120

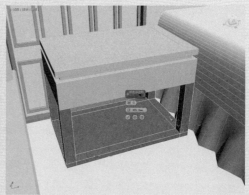

图 8-121

⑲ 再选择底部的多边形，将其挤出 100mm，如图 8-122 所示。

⑳ 进入"边"子层级，选择边，如图 8-123 所示。

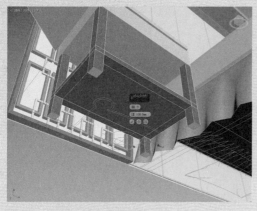

图 8-122

图 8-123

㉑ 在"编辑边"卷展栏中单击"切角"设置按钮，设置边切角量为 0.5mm，如图 8-124 所示。

22 在"编辑几何体"卷展栏中，单击"附加"按钮，附加选择上方的模型，使其成为一个整体，完成床头柜模型的绘制，如图8-125所示。

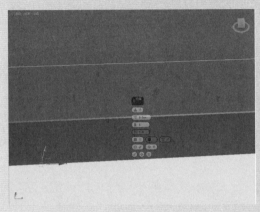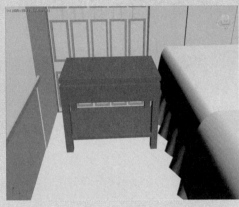

图 8-124   图 8-125

23 复制床头柜模型，如图8-126所示。

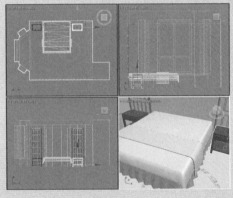

图 8-126

■ 8.4.3　创建床尾凳模型

床尾凳在卧室中起着重要的作用，可以放置晚间阅读的书籍、茶具或者换下的衣物等，也可以作为沙发凳使用，非常方便。具体操作如下。

01 在顶视图中单击"长方体"按钮，在床尾位置创建长度为400mm，宽度为1600mm，高度为100mm的长方体，如图8-127所示。

02 将其转换为可编辑多边形，进入"顶点"子层级，调整顶点，如图8-128所示。

03 进入"多边形"子层级，选择多边形，如图8-129所示。

04 在"编辑多边形"卷展栏中单击"挤出"设置按钮，设置挤出值为350mm，如图8-130所示。

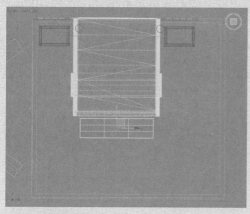

图 8-127

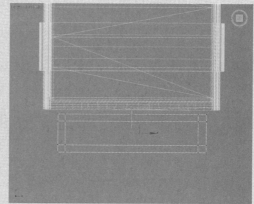

图 8-128

图 8-129

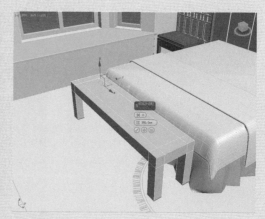

图 8-130

05 进入"顶点"子层级，调整凳子腿部的顶点，如图 8-131 所示。

06 进入"边"子层级，选择边，单击"移除"按钮，删除边，如图 8-132 所示。

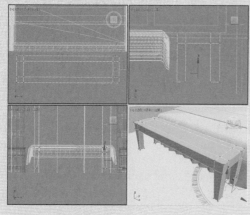

图 8-131

图 8-132

07 进入"多边形"子层级，选择多边形，如图 8-133 所示。

08 在"编辑多边形"卷展栏中单击"插入"按钮，设置插入值为 10mm，如图 8-134 所示。

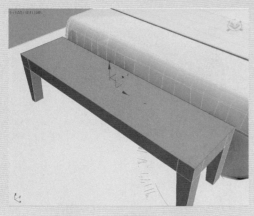 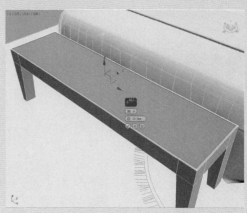

图 8-133　　　　　　　　　　　　　　　　图 8-134

09 再单击"挤出"设置按钮，设置挤出值为 –20mm，如图 8-135 所示。

10 在顶视图中单击"切角长方体"按钮，捕捉绘制一个长度为 380mm，宽度为 1850mm，高度为 60mm，圆角为 20mm 的切角长方体，完成床尾凳的制作，如图 8-136 所示。

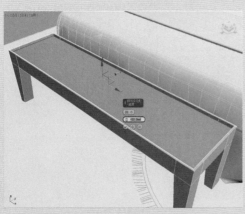 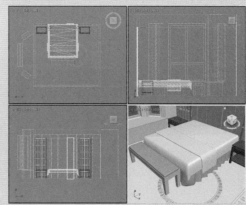

图 8-135　　　　　　　　　　　　　　　　图 8-136

■ 8.4.4　创建台灯及地毯模型

台灯在卧室设计中起到了装饰点缀的作用，同时又具有实用性，是卧室设计中不可缺少的装饰物品，接下来将制作台灯及地毯模型，具体操作如下：

01 创建台灯模型。在顶视图中单击"长方体"按钮，创建

230mm×230mm×30mm 和 30mm×30mm×350mm 的长方体，如图 8-137 所示。

02 继续创建 400mm×400mm×200mm 的长方体，完成台灯模型的创建，如图 8-138 所示。

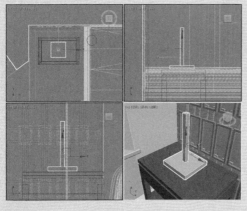

图 8-137

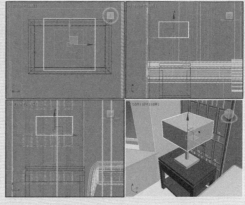

图 8-138

03 将台灯模型成组，并复制到床头的另一侧，如图 8-139 所示。

04 在顶视图中单击"切角长方体"按钮，创建长度为 1800mm，宽度为 2500mm，高度为 10mm，圆角为 10mm 的切角长方体，作为地毯模型，如图 8-140 所示。

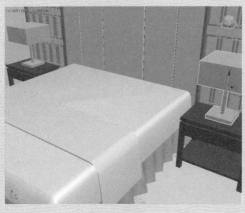

图 8-139

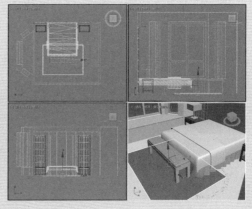

图 8-140

8.4.5 创建电视柜组合及踢脚线模型

电视柜及踢脚线模型的制作较为简单，电视机模型的制作需要利用多边形建模命令，并要进行多项操作，具体操作如下。

01 在前视图中单击"矩形"按钮，创建长度为 650mm，宽度为 1500mm 的矩形图形，如图 8-141 所示。

02 将其转换为可编辑样条线，进入"线段"子层级，选择并删除一条线段，如图 8-142 所示。

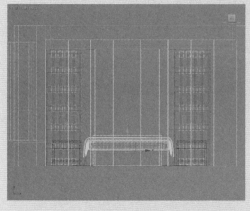

图 8-141

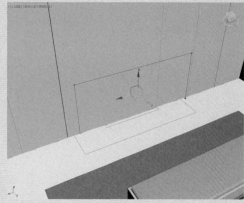

图 8-142

03 进入"样条线"子层级，在"几何体"卷展栏中单击"轮廓"按钮，设置轮廓值为 40mm，如图 8-143 所示。

04 为其添加"挤出"修改器，设置挤出值为 350mm，如图 8-144 所示。

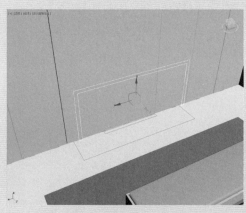

图 8-143

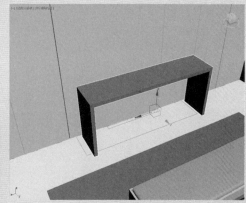

图 8-144

05 在前视图中单击"长方体"按钮，创建长度为 460mm，宽度为 920mm，高度为 30mm 的长方体，如图 8-145 所示。

06 转换为可编辑多边形，进入"多边形"子层级，选择多边形，如图 8-146 所示。

07 在"编辑多边形"卷展栏中单击"插入"按钮，设置插入值为 25mm，如图 8-147 所示。

08 再单击"倒角"设置按钮，设置倒角轮廓值为 –1mm，高度值为 –2mm，如图 8-148 所示。

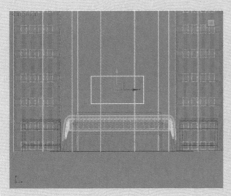

图 8-145

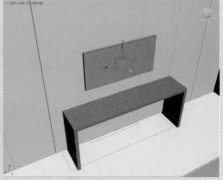

图 8-146

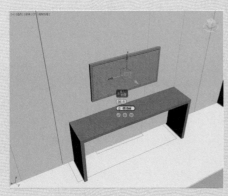

图 8-147

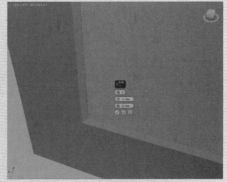

图 8-148

09 再进入"边"子层级，选择四条边，如图 8-149 所示。

10 在"编辑边"卷展栏中，单击"切角"按钮，设置边切角量为 10mm，如图 8-150 所示。

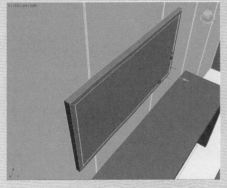

图 8-149

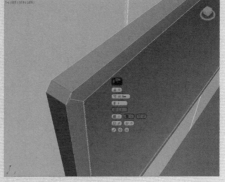

图 8-150

11 保持边的选择，单击"切角"设置按钮，设置边切角量为 4mm，如图 8-151 所示。

12 继续选择边线，如图 8-152 所示。

图 8-151

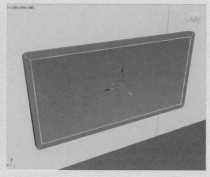

图 8-152

13 单击"切角"设置按钮，设置边切角量为4mm，完成电视机模型的制作，如图 8-153 所示。

14 在顶视图中单击"线"按钮，绘制踢脚线路径，如图 8-154 所示。

图 8-153

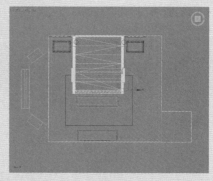

图 8-154

15 进入"样条线"子层级，在"几何体"卷展栏中单击"轮廓"设置按钮，设置轮廓值为12mm，如图 8-155 所示。

16 为其添加"挤出"修改器，设置挤出值为80mm，调整踢脚线的位置，如图 8-156 所示。

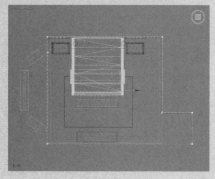

图 8-155

图 8-156

8.5 合并成品模型

　　场景中的抱枕、电视机、盆栽花瓶等模型，我们可以直接合并已经下载好的成品模型，提高建模的效率，具体操作如下。

01 执行"文件"｜"导入"｜"合并"命令，在弹出的"合并文件"对话框中选择抱枕模型，如图 8-157 所示。

02 将抱枕模型合并到当前场景中，放在床头位置，如图 8-158 所示。

图 8-157

图 8-158

03 继续导入窗帘等模型，完成本场景模型的创建，如图 8-159 所示。

04 将创建好的材质赋予模型进行渲染，效果如图 8-160 所示。完成卧室场景模型的创建。

图 8-159

图 8-160

第 9 章

创建商务办公楼模型

本章概述 SUMMARY

　　本章中创建的是一个商务办公楼场景，通过整体模型的创建，使读者掌握多边形建模知识，在创建室外建筑模型时，具有清晰的思路。

■ 学习目标

　　通过对本章内容的学习能够让读者掌握创建商务办公楼场景的操作方法。

■ 要点难点

　√ 挤出修改器的使用　　　　　　　√ 多边形建模
　√ 创建窗户模型　　　　　　　　　√ 创建栏杆模型

◎创建商务写字楼模型

◎渲染商务写字楼效果

9.1　创建建筑主体模型

　　本场景为一个办公主楼模型，并且中式元素融合了现代的简单大方，下面将创建办公主楼模型，具体操作如下。

■ 9.1.1　创建办公主楼模型

　　下面将介绍创建办公主楼模型的具体操作方法。

01 启动 3ds max 软件，执行"自定义"｜"单位设置"命令，打开"单位设置"对话框，设置公制单位为毫米，如图 9-1 所示。

02 单击"系统单位设置"按钮，打开"系统单位设置"对话框，设置系统单位比例为"毫米"，设置完成后依次单击"确定"按钮，关闭对话框，如图 9-2 所示。

图 9-1

图 9-2

03 在前视图中单击"线"按钮，绘制样条线，如图 9-3 所示。

04 为其添加"挤出"修改器，设置挤出值为 17000mm，如图 9-4 所示。

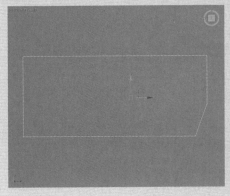

图 9-3

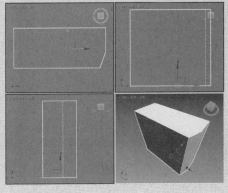

图 9-4

05 将模型转换为可编辑多边形，进入"边"子层级，选择边，如图 9-5 所示。

06 在"编辑边"卷展栏中单击"连接"设置按钮，设置连接数为 21，如图 9-6 所示。

图 9-5

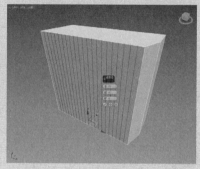
图 9-6

07 调整边的位置，如图 9-7 所示。

08 选择边，如图 9-8 所示。

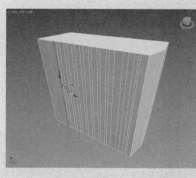
图 9-7

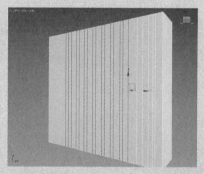
图 9-8

09 单击"连接"设置按钮，设置连接数为 18，如图 9-9 所示。

10 按照相同的方法选择边，并设置连接数，连接边，效果如图 9-10 所示。

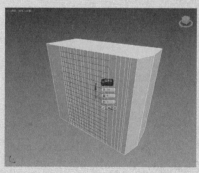
图 9-9

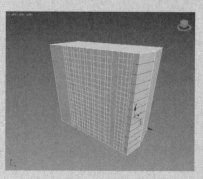
图 9-10

11 调整边的位置，如图 9-11 所示。

12 进入"多边形"子层级，选择多边形，如图 9-12 所示。

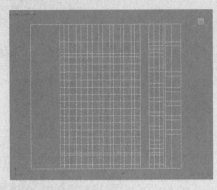
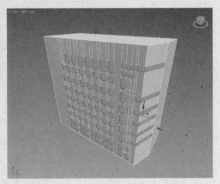

图 9-11　　　　　　　　　　　　　　　图 9-12

13 在"编辑边"卷展栏中单击"挤出"设置按钮，设置挤出
值为 -300mm，如图 9-13 所示。

14 按 Delete 键，删除所选的多边形，如图 9-14 所示。

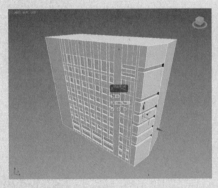
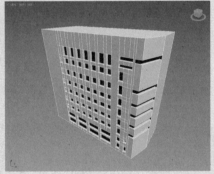

图 9-13　　　　　　　　　　　　　　　图 9-14

15 选择顶部的多边形，如图 9-15 所示。

16 在"编辑多边形"卷展栏中单击"插入"设置按钮，设置
插入值为 300mm，如图 9-16 所示。

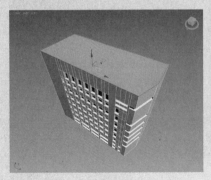

图 9-15　　　　　　　　　　　　　　　图 9-16

17 进入"多边形"子层级，选择多边形，如图 9-17 所示。

18 在"编辑多边形"卷展栏中单击"挤出"设置按钮，设置挤出值为 1500mm，如图 9-18 所示。

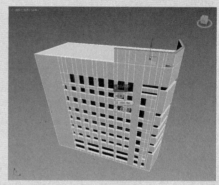

图 9-17　　　　　　　　　　　　图 9-18

19 进入"边"子层级，选择边，如图 9-19 所示。

20 在"编辑边"卷展栏中单击"连接"设置按钮，设置连接边分段为 2，如图 9-20 所示。

图 9-19　　　　　　　　　　　　图 9-20

21 按照相同的方法连接边，如图 9-21 所示。

22 进入"多边形"子层级，选择多边形，如图 9-22 所示。

图 9-21　　　　　　　　　　　　图 9-22

23 在"编辑多边形"卷展栏中单击"挤出"设置按钮，设置挤出值为 −300mm，如图 9-23 所示。

24 按 Delete 键，删除所选的多边形，如图 9-24 所示。

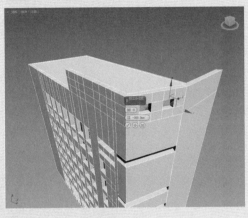
图 9-23

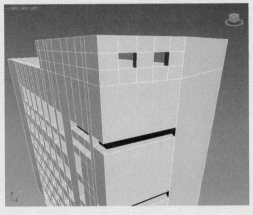
图 9-24

25 在顶视图中单击"线"按钮，捕捉墙体内线，绘制样条线，如图 9-25 所示。

26 为其添加"挤出"修改器，设置挤出值为 200mm，如图 9-26 所示。

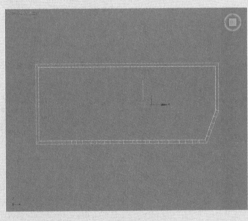
图 9-25

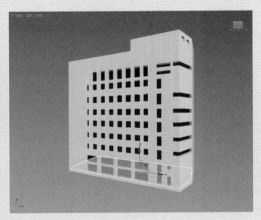
图 9-26

27 向上复制模型，如图 9-27 所示。

28 在顶视图中单击"圆柱体"按钮，创建半径为 1500mm，高度为 150mm，高度分段为 1，边数为 40，如图 9-28 所示。

29 向上复制圆柱体，从下到上半径依次为 1000mm、800mm、600mm，其余参数保持不变，如图 9-29 所示。

30 将半径为 1000mm 的圆柱体向上进行复制，如图 9-30 所示。

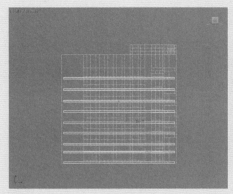

图 9-27

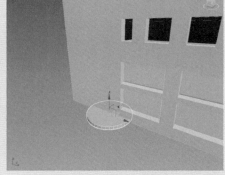

图 9-28

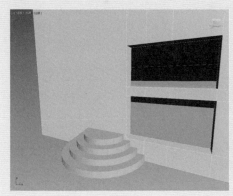

图 9-29

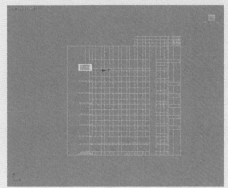

图 9-30

31 继续向上复制圆柱体，设置半径为 400mm，如图 9-31 所示。

32 将最上边的圆柱体转换为可编辑多边形，进入"边"子层级，选择竖向所有的边，如图 9-32 所示。

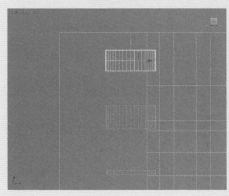

图 9-31

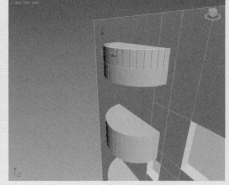

图 9-32

33 在"编辑边"卷展栏中单击"连接"设置按钮，设置连接数为 1，并调整边的位置，如图 9-33 所示。

34 进入"顶点"子层级，选择顶点，如图 9-34 所示。

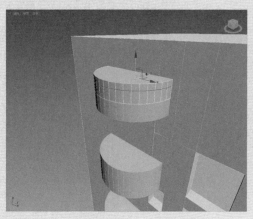

图 9-33

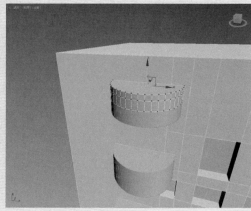

图 9-34

35 单击"选择并均匀缩放"按钮，对所选的顶点进行缩放，如图 9-35 所示。

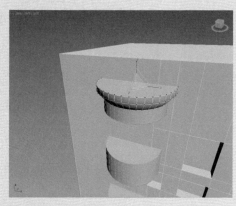

图 9-35

■ 9.1.2 创建落地窗办公楼模型

　　落地窗不仅可以增加室内的采光，提高工作效率，还可以扩展视野，调节精神状态。下面将介绍创建落地窗办公楼模型的具体操作方法。

01 在前视图中，单击"长方体"按钮，创建长度为 2900mm，宽度为 7400mm，高度为 300mm 的长方体，将其移动到合适位置，如图 9-36 所示。

02 转换为可编辑多边形，进入"边"子层级，选择竖向的四条边，如图 9-37 所示。

03 在"编辑边"卷展栏中单击"连接"设置按钮，设置连接数为 2，并调整边的位置，如图 9-38 所示。

04 继续长方体前后两面的边，如图 9-39 所示。

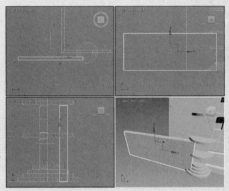

图 9-36

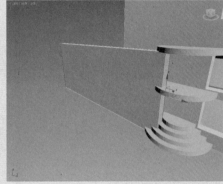

图 9-37

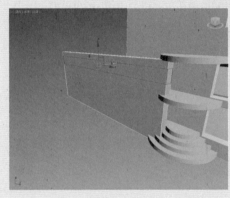

图 9-38

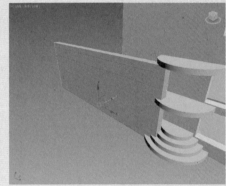

图 9-39

05 单击"连接"设置按钮，设置连接数为 9，如图 9-40 所示。

06 进入"顶点"子层级，调整顶点的位置，如图 9-41 所示。

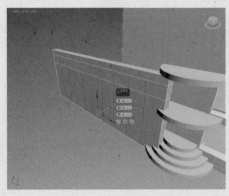

图 9-40

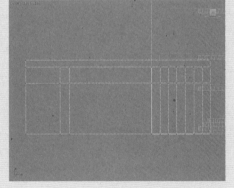

图 9-41

07 进入"多边形"子层级，前后两面选择位置相同的多边形，如图 9-42 所示。

08 在"编辑多边形"卷展栏中单击"桥"设置按钮，制作出窗洞以及门洞，如图 9-43 所示。

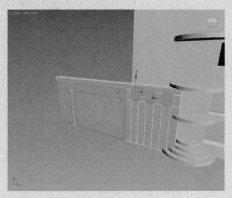

图 9-42

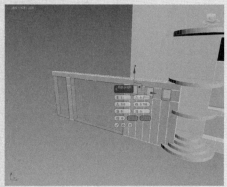

图 9-43

09 删除多余的多边形，如图 9-44 所示。

10 在视图中单击"长方体"按钮，创建长度为 150mm，宽度为 7000mm，高度为 300mm 的长方体，如图 9-45 所示。

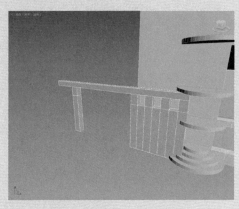

图 9-44

图 9-45

11 向上复制多个模型，并调整其位置，如图 9-46 所示。

12 在顶视图中单击"线"按钮，绘制样条线，如图 9-47 所示。

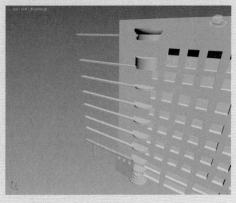

图 9-46

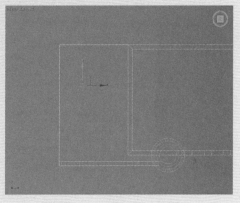

图 9-47

13 进入"样条线"层级，在"几何体"卷展栏中单击"轮廓"按钮，设置轮廓值为200mm，如图9-48所示。

14 添加"挤出"修改器，设置挤出值为13200mm，调整模型位置，如图9-49所示。

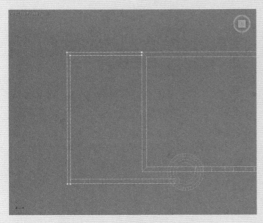

图9-48

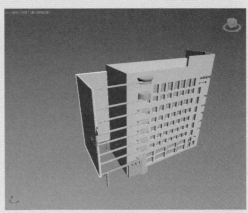

图9-49

15 在顶视图中继续绘制一条样条线，如图9-50所示。

16 向上复制多个模型，调整到合适位置，如图9-51所示。

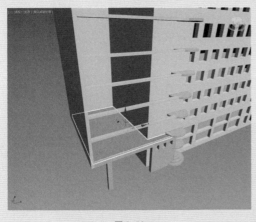

图9-50

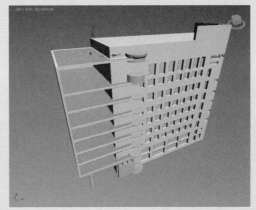

图9-51

17 在前视图中单击"矩形"按钮，绘制长度为17000mm，宽度为12100mm的矩形，如图9-52所示。

18 添加"挤出"修改器，设置挤出值为300mm，如图9-53所示。

19 将其转换为可编辑多边形，进入"边"子层级，选择竖向的边，如图9-54所示。

20 单击"连接"设置按钮，设置连接数为20，如图9-55所示。

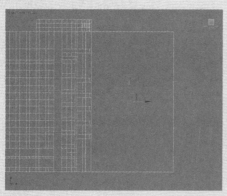
图 9-52

图 9-53

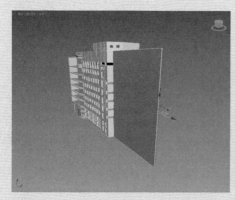
图 9-54

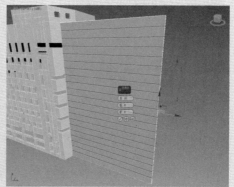
图 9-55

21 按照相同的方法选择横向的边，并单击"连接"设置按钮，设置连接数为 14，如图 9-56 所示。

22 进入"顶点"子层级，在前视图中调整顶点的位置，如图 9-57 所示。

图 9-56

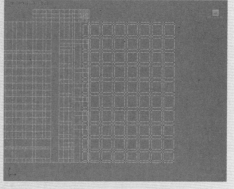
图 9-57

23 进入"多边形"子层级，选择前后相同的多边形，如图 9-58 所示。

24 在"编辑多边形"卷展栏中单击"桥"设置按钮,效果如图9-59
所示。

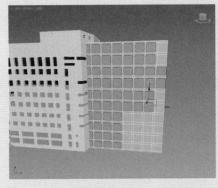 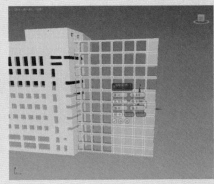

图 9-58   图 9-59

25 删除多余的多边形,如图9-60所示。

26 进入"边"子层级,选择边,如图9-61所示。

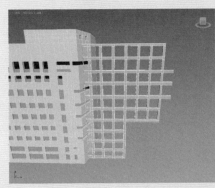 

图 9-60   图 9-61

27 单击"连接"设置按钮,设置连接数为1,调整边的位置,
如图9-62所示。

28 进入"多边形"子层级,选择多边形,如图9-63所示。

图 9-62   图 9-63

29 在"编辑多边形"卷展栏中单击"挤出"设置按钮，设置挤出值为2550mm，如图9-64所示。

30 在顶视图中单击"线"按钮，绘制样条线，如图9-65所示。

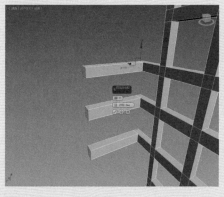

图 9-64

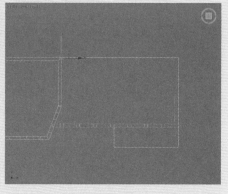

图 9-65

31 进入"样条线"子层级，在"几何体"卷展栏中单击"轮廓"按钮，设置轮廓值为250mm，如图9-66所示。

32 添加"挤出"修改器，设置挤出值为7400mm，如图9-67所示。

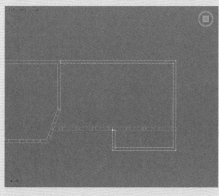

图 9-66

图 9-67

33 将其转换为可编辑多边形，进入"边"子层级，选择边，如图9-68所示。

34 在"编辑边"卷展栏中单击"连接"设置按钮，设置连接数为1，如图9-69所示。

35 进入"多边形"子层级，选择多边形，如图9-70所示。

36 在"编辑多边形"卷展栏中单击"挤出"设置按钮，设置挤出值为9600mm，如图9-71所示。

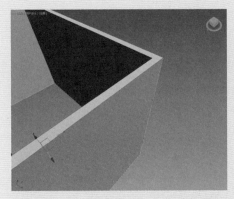
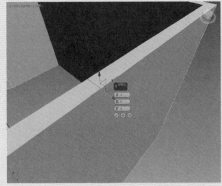

图 9-68   图 9-69

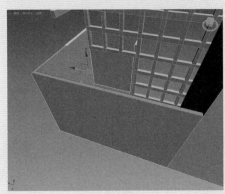
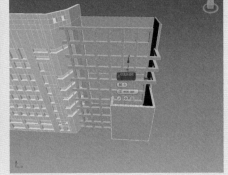

图 9-70   图 9-71

37 创建窗洞位置。在透视图中单击"长方体"按钮，创建长、宽、高均为 800mm 的正方体，如图 9-72 所示。

38 复制正方体并放在合适位置，如图 9-73 所示。

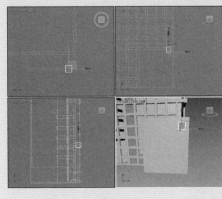

图 9-72   图 9-73

39 在透视图中再创建两个长度为 800mm，宽度为 2000mm，高度为 800mm 的长方体，如图 9-74 所示。

40 将一个长方体转换为可编辑多边形，在"编辑几何体"卷展栏中，单击"附加"按钮，附加选择其他长方体，使其成为一个整体，如图 9-75 所示。

 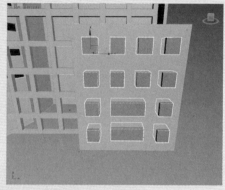

图 9-74　　　　　　　　　　　　　图 9-75

41 选择墙体模型，单击"布尔"按钮，将长方体从墙体中减去，如图 9-76 所示。

42 按照相同的方法，创建长度为 800mm，宽度为 800mm，高度为 2000mm 的长方体，并从墙体中减去，绘制另一侧墙体的门洞，如图 9-77 所示。

 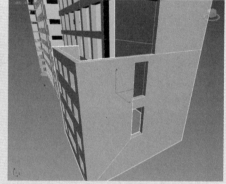

图 9-76　　　　　　　　　　　　　图 9-77

43 在顶视图中，单击"线"按钮，绘制样条线，如图 9-78 所示。

44 添加"挤出"修改器，设置挤出值为 120mm，并向上复制模型，如图 9-79 所示。

45 在顶视图中，单击"圆"按钮，绘制半径为 1800mm，步数为 20 的圆，如图 9-80 所示。

46 继续绘制长度为 4200mm，宽度为 2800mm 的矩形，如图 9-81 所示。

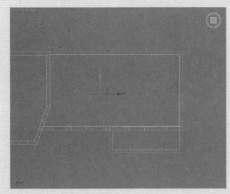

图 9-78

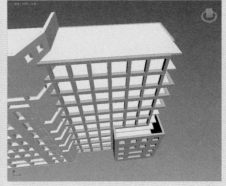

图 9-79

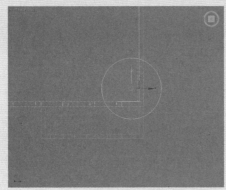

图 9-80

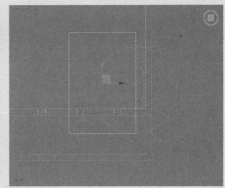

图 9-81

47 将其转换为可编辑样条线，在修改命令面板中进入"样条线"子层级，附加为整体，单击"修剪"按钮，修剪图形，如图 9-82 所示。

48 进入"顶点"子层级，全选顶点，单击"焊接"按钮，添加"挤出"修改器，设置挤出值为 120mm，并向上复制模型，如图 9-83 所示。

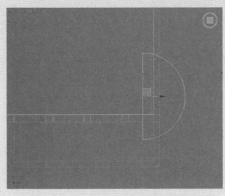

图 9-82

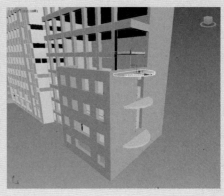

图 9-83

49 单击"圆柱体"按钮，创建半径为 2000mm，高度为 600mm，高度分段为 2，边数为 40 的圆柱体，如图 9-84 所示。

50 向上复制模型，并调整模型的高度为 450mm，如图 9-85 所示。

图 9-84

图 9-85

51 将其转换为可编辑多边形，进入"顶点"子层级，调整顶点，如图 9-86 所示。

52 单击"选择并均匀缩放"按钮，缩放顶点，如图 9-87 所示。

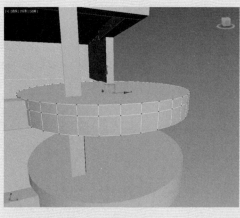
图 9-86

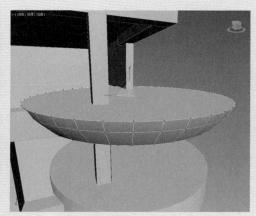
图 9-87

53 单击"圆柱体"按钮，创建半径为 90mm，高度为 1550mm，高度分段为 1 的圆柱体作为柱子，如图 9-88 所示。

54 复制模型，调整到合适位置，如图 9-89 所示。

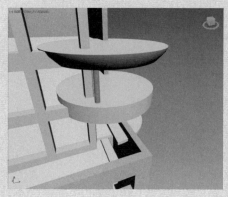

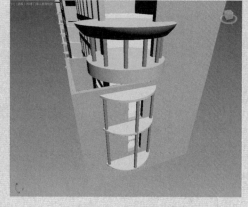

图 9-88   图 9-89

■ 9.1.3　创建办公楼大门模型

下面将介绍创建办公主楼大门模型的具体操作方法。

01 隐藏创建的落地窗办公楼模型。在顶视图中，单击"圆柱体"按钮，创建半径为 3000mm，高度为 100mm 的圆柱体，高度分段为 5，如图 9-90 所示。

02 向上复制圆柱体，调整半径为 2700mm，其余参数保持不变，如图 9-91 所示。

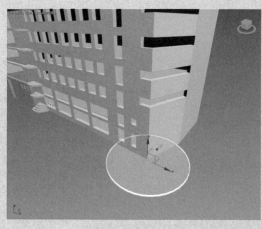

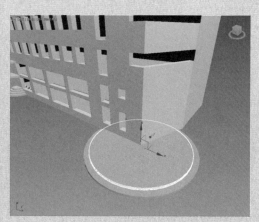

图 9-90   图 9-91

03 在顶视图中单击"圆环"按钮，创建半径 1 为 2000mm，半径 2 为 1700mm，步数为 20 的圆环形，如图 9-92 所示。

04 为其添加"挤出"修改器，设置挤出值为 3500mm，如图 9-93 所示。

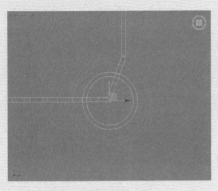
图 9-92

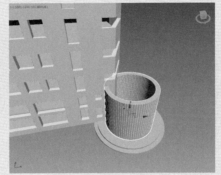
图 9-93

05 转换为可编辑多边形,进入"边"子层级,选择所有竖向的边,如图 9-94 所示。

06 在"编辑边"卷展栏中单击"连接"设置按钮,设置连接数为 3,如图 9-95 所示。

图 9-94

图 9-95

07 进入"顶点"子层级,调整顶点的位置,如图 9-96 所示。

08 进入"多边形"子层级,选择内外两侧的多边形,如图 9-97 所示。

图 9-96

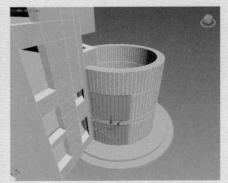
图 9-97

09 单击"桥"按钮,制作出门洞和窗洞,如图 9-98 所示。

10 按照相同的方法创建门洞和窗洞，如图 9-99 所示。

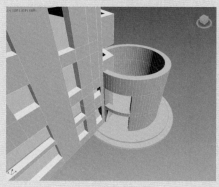

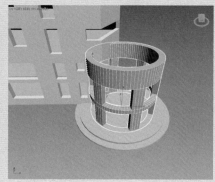

图 9-98　　　　　　　　　　　　　　　　图 9-99

11 取消隐藏的落地窗办公楼模型。在顶视图中单击"线"按钮，创建样条线，并进入"顶点"子层级，调整顶点的位置，如图 9-100 所示。

12 添加"挤出"修改器，设置挤出值为 200mm，如图 9-101 所示。

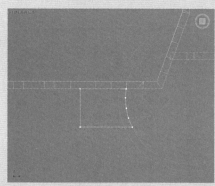

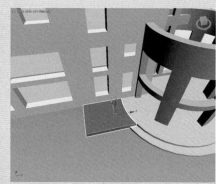

图 9-100　　　　　　　　　　　　　　　　图 9-101

13 将其转换为可编辑多边形，进入"顶点"子层级，选择顶点，如图 9-102 所示。

14 调整顶点的位置，如图 9-103 所示。

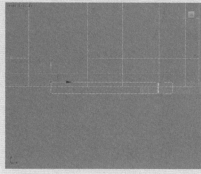

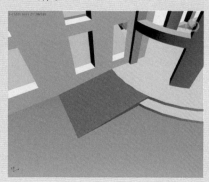

图 9-102　　　　　　　　　　　　　　　　图 9-103

■ 9.1.4　创建仓库大楼模型

下面将介绍创建仓库大楼模型的操作方法，具体操作如下。

01 单击"管状体"按钮，创建半径1为5600mm，半径2为5300mm，高度为8400mm，高度分段数为6，边数为50的管状体，如图9-104所示。

02 将其转换为可编辑多边形，进入"顶点"子层级，在前视图中调整顶点的位置，如图9-105所示。

图 9-104

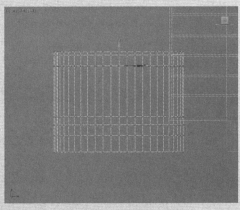

图 9-105

03 进入"多边形"子层级，选择模型内外对应的多边形，如图9-106所示。

04 在"编辑多边形"卷展栏中单击"桥"按钮，制作出窗洞模型，如图9-107所示。

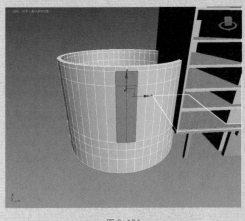

图 9-106

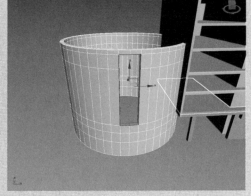

图 9-107

05 按照相同的方法，制作出其他门洞及窗洞，如图9-108所示。

06 选择多边形，如图9-109所示。

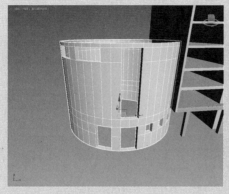

图 9-108 　　　　　　　　　　　　　　　　图 9-109

07 在"编辑多边形"卷展栏中单击"挤出"设置按钮，设置挤出值为 2200mm，如图 9-110 所示。

08 进入"边"子层级，选择边，如图 9-111 所示。

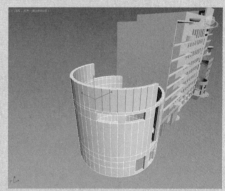

图 9-110 　　　　　　　　　　　　　　　　图 9-111

09 在"编辑边"卷展栏中单击"连接"设置按钮，设置连接数为 1，并调整边的位置，如图 9-112 所示。

10 进入"多边形"卷展栏中，选择多边形，并单击"桥"按钮，制作出窗洞，如图 9-113 所示。

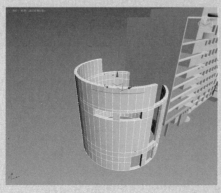

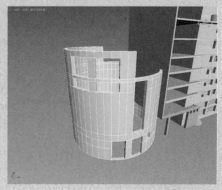

图 9-112 　　　　　　　　　　　　　　　　图 9-113

11 单击"圆柱体"按钮，创建半径为850mm，高度为12800mm的圆柱体，高度分段为5，边数为30，如图9-114所示。

12 将其转换为可编辑多边形，进入"顶点"子层级，任意选择一个顶点，如图9-115所示。

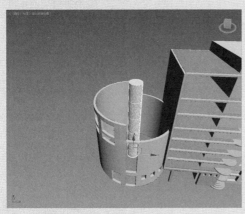

图 9-114

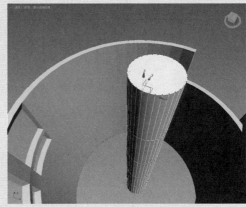

图 9-115

13 在"软选择"卷展栏中勾选"使用软选择"复选框，设置衰减值为2000mm，可以看到边线的颜色发生了变化，效果如图9-116所示。

14 调整任意顶点的位置，如图9-117所示。

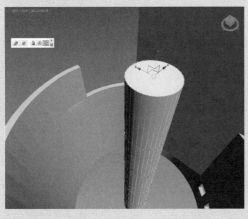

图 9-116

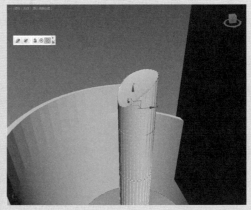

图 9-117

15 单击"圆柱体"按钮，设置半径为5300mm，高度为200mm，边数为40的圆柱体，如图9-118所示。

16 向上复制模型，设置半径为3500mm，高度为500mm，高度分段为2mm，如图9-119所示。

17 将其转换为可编辑多边形，进入"顶点"子层级，调整顶点的位置，如图9-120所示。

18 选择顶点，对其进行缩放操作，如图 9-121 所示。

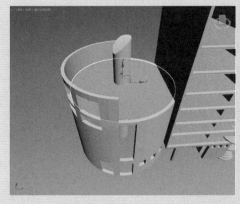

图 9-118

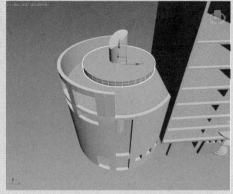

图 9-119

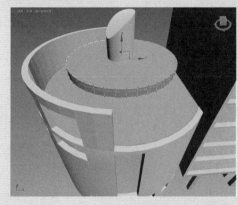

图 9-120

图 9-121

19 单击"圆柱体"按钮，创建半径为 90mm，高度为 1450mm，高度分段为 1 的圆柱体，如图 9-122 所示。

20 执行"工具"|"阵列"命令，设置数量为 10，对圆柱体进行环形阵列，如图 9-123 所示。

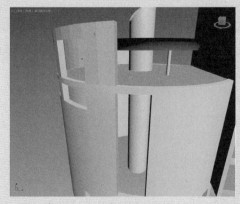

图 9-122

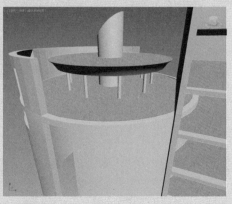

图 9-123

㉑ 在顶视图单击"线"按钮，创建样条线，如图 9-124 所示。

㉒ 进入"样条线"子层级，在"几何体"卷展栏中单击"轮廓"按钮，设置轮廓值为 250mm，如图 9-125 所示。

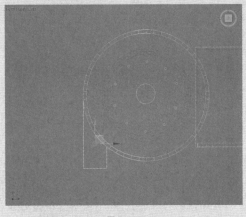
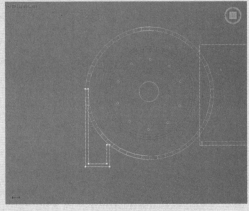

图 9-124   图 9-125

㉓ 添加"挤出"修改器，设置挤出值为 2800mm，设置分段数为 3，如图 9-126 所示。

㉔ 将其转换为可编辑多边形，进入"边"子层级，选择边，如图 9-127 所示。

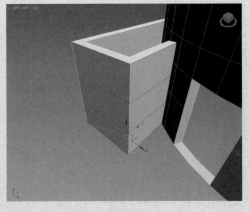

图 9-126   图 9-127

㉕ 在"编辑边"卷展栏中单击"连接"按钮，设置连接数为 1，如图 9-128 所示。

㉖ 进入"多边形"子层级，选择里外两侧的多边形，如图 9-129 所示。

㉗ 单击"桥"设置按钮，制作出窗洞，如图 9-130 所示。

㉘ 在顶视图中单击"线"按钮，绘制样条线，如图 9-131 所示。

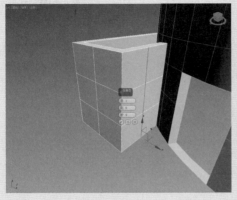

图 9-128

图 9-129

图 9-130

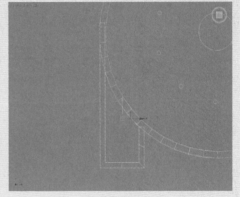

图 9-131

㉙ 添加"挤出"修改器，设置挤出值为 200mm，作为屋顶放在合适位置，如图 9-132 所示。

㉚ 单击"长方体"按钮，设置长度为 1800mm，宽度为 3000mm，高度为 150mm 的长方体，作为屋檐，如图 9-133 所示。

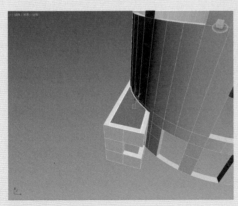

图 9-132

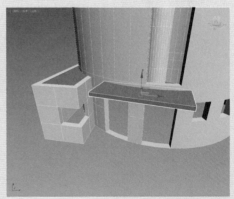

图 9-133

31 单击"圆柱体"按钮，创建半径为 125mm，高度为 15700mm 的圆柱体，作为支柱放在图中合适位置，完成建筑主体模型的制作，如图 9-134 所示。

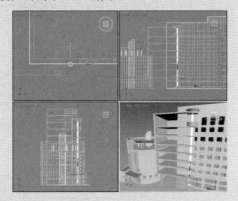

图 9-134

9.2 创建门窗及栏杆模型

办公楼模型中门窗及栏杆模型较多，造型统一，创建起来比较简单，下面将介绍创建门窗及栏杆模型的操作方法。

9.2.1 创建门窗模型

下面将介绍创建门窗模型的具体操作方法。

01 在前视图中单击"矩形"按钮，捕捉绘制矩形图形，如图 9-135 所示。

02 将其转换为可编辑样条线，进入"样条线"子层级，在"几何体"卷展栏中单击"轮廓"按钮，设置轮廓值为 50mm，如图 9-136 所示。

图 9-135

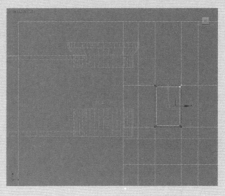

图 9-136

03 进入"顶点"子层级，调整顶点的位置，如图 9-137 所示。

04 向上复制并调整样条线，如图 9-138 所示。

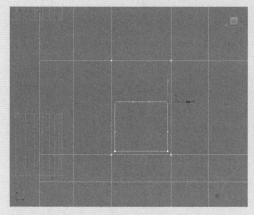 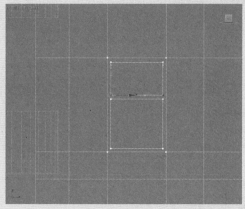

图 9-137   图 9-138

05 添加"挤出"修改器，设置挤出值为 50mm，调整模型位置，如图 9-139 所示。

06 复制窗户模型，根据窗框的大小调整窗户尺寸，如图 9-140 所示。

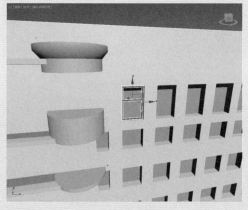 

图 9-139   图 9-140

07 接下来制作环形墙体上的窗户模型，在顶视图中单击"弧"按钮，绘制一条弧线，如图 9-141 所示。

08 将其转换为可编辑样条线，进入"样条线"子层级，在"几何体"卷展栏中勾选"中心"复选框，再设置轮廓值为 50mm，如图 9-142 所示。

09 添加"挤出"修改器，设置挤出值为 1300mm，如图 9-143 所示。

10 转换为可编辑多边形，进入"边"子层级，选择内外两侧所有竖向的边，如图 9-144 所示。

图 9-141

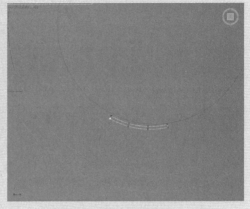

图 9-142

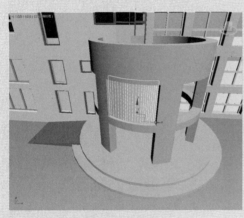

图 9-143

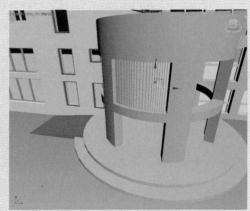

图 9-144

11 在"编辑边"卷展栏中单击"连接"按钮，设置连接数为 4，如图 9-145 所示。

12 进入"顶点"子层级，调整顶点的位置，如图 9-146 所示。

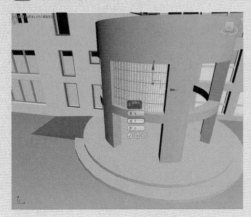

图 9-145

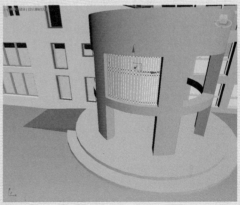

图 9-146

13 进入"多边形"子层级，选择内外两侧的多边形，如图 9-147 所示。

14 在"编辑多边形"卷展栏中单击"桥"按钮，制作出窗框模型，如图 9-148 所示。

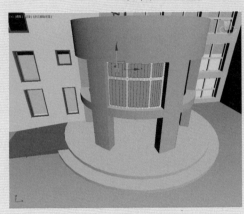 

图 9-147   图 9-148

15 按照相同的操作方法，创建出其余窗框，如图 9-149 所示。

16 单击"长方体"按钮，创建长度为 10mm，宽度为 1400mm，高度为 2100mm 的两个长方体作为门模型，如图 9-150 所示。

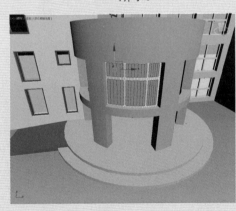 

图 9-149   图 9-150

■ 9.2.2 创建栏杆模型

下面将介绍创建栏杆模型的具体操作方法。

01 在顶视图中单击"圆"按钮，绘制半径为 5450mm，步数为 40 的圆形，如图 9-151 所示。

02 进入修改命令面板，在"渲染"参数卷展栏中单击"在渲染中启用"和"在视口中启用"复选框，设置径向厚度为

60mm，如图 9-152 所示。

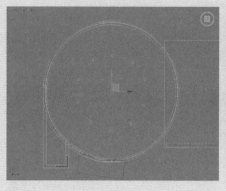

图 9-151

图 9-152

03 向下复制图形，并重新设置圆形的径向厚度为 12mm，如图 9-153 所示。

04 单击"圆柱体"按钮，创建半径为 5mm，高度为 500mm 的圆柱体作为栏杆支柱，放在图中合适位置，并将其进行复制，如图 9-154 所示。

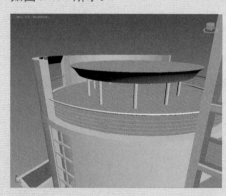

图 9-153

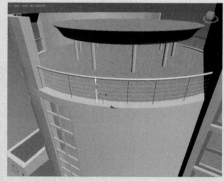

图 9-154

05 按照相同的方法制作其余栏杆模型，如图 9-155 所示。

图 9-155

9.3　创建室外地面模型

　　室外地面模型的创建是必不可少的，能使场景具有一定的整体性，具体操作介绍如下。

01 在顶视图绘制多个矩形，设置角半径为 1000mm，如图 9-156 所示。

02 向上复制圆角矩形，并选择任意一个矩形，将其转换为可编辑多边形，进入"样条线"子层级，设置轮廓值为 200，如图 9-157 所示。

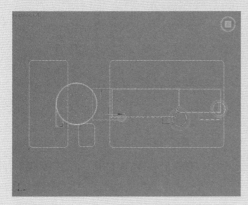

图 9-156

图 9-157

03 添加"挤出"修改器，设置挤出值为 150mm，如图 9-158 所示。

04 继续选择矩形，为其添加"挤出"修改器，设置挤出值为 20mm，并调整到合适位置，制作出草坪，如图 9-159 所示。

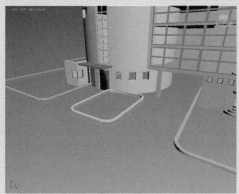

图 9-158

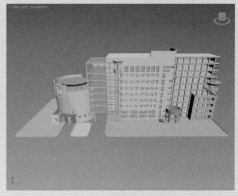

图 9-159

05 单击"矩形"按钮，创建平面，完成商务写字楼模型的创建，如图 9-160 所示。

06 将创建好的模型赋予材质进行渲染，并调入 Photoshop 中添

加素材图片，对效果图进行丰富点缀，如图 9-161 所示。完成
商务写字楼模型的创建。

图 9-160

图 9-161

参考文献

[1] 姜洪侠，张楠楠 . Photoshop CC 图形图像处理标准教程 [M] . 北京：人民邮电出版社，2016.

[2] 周建国 .Photoshop CS6 图形图像处理标准教程 [M] . 北京：人民邮电出版社，2016.

[3] 孔翠，杨东宇，朱兆曦 . 平面设计制作标准教程 Photoshop CC+illustrator [M] . 北京：人民邮电出版社，2016.

[4] 沿铭洋，聂清彬 .Illustrator CC 平面设计标准教程 [M] . 北京：人民邮电出版社，2016.

[5] Adobe 公司 .Adobe InDesign CC 经典教程 [M] . 北京：人民邮电出版社，2014.

[6] 唯美映像 .3ds max 2013+VRay 效果图制作自学视频教程 [M] . 北京：人民邮电出版社，2015.